IT Text 情報処理学会 編集

データベースの基礎

吉川正俊 著

Ohmsha

情報処理学会教科書編集委員会

編集委員長　阪田　史郎（東京大学）
編集幹事　菊池　浩明（明治大学）
編集委員　石井　一夫（公立諏訪東京理科大学）
（五十音順）　岩﨑　英哉（明治大学）
　　　　　　　小林　健一（富士通株式会社）
　　　　　　　駒谷　昇一（奈良女子大学）
　　　　　　　斉藤　典明（東京通信大学）
　　　　　　　髙橋　尚子（國學院大學）
　　　　　　　辰己　丈夫（放送大学）
　　　　　　　田名部元成（横浜国立大学）
　　　　　　　中島　　毅（芝浦工業大学）

（令和 6 年 7 月現在）

本書に掲載されている会社名・製品名は，一般に各社の登録商標または商標です．

本書を発行するにあたって，内容に誤りのないようできる限りの注意を払いましたが，本書の内容を適用した結果生じたこと，また，適用できなかった結果について，著者，出版社とも一切の責任を負いませんのでご了承ください．

　本書は，「著作権法」によって，著作権等の権利が保護されている著作物です．
　本書の全部または一部につき，無断で次に示す〔　〕内のような使い方をされると，著作権等の権利侵害となる場合があります．また，代行業者等の第三者によるスキャンやデジタル化は，たとえ個人や家庭内での利用であっても著作権法上認められておりませんので，ご注意ください．
　　　　〔転載，複写機等による複写複製，電子的装置への入力等〕
　学校・企業・団体等において，上記のような使い方をされる場合には特にご注意ください．
　お問合せは下記へお願いします．
　〒101-8460　東京都千代田区神田錦町 3-1　TEL.03-3233-0641
　　株式会社**オーム**社編集局（著作権担当）

はしがき

　データを制する者が世界を制するといわれるように現代社会においてデータの重要性は増すばかりである．社会のさまざまな分野で，意思決定や規則発見が，従来のように経験と勘のみに頼るものではなく，収集された膨大なデータに基づくデータ駆動型 (data-driven) に移行しつつある．企業や政府などの組織は，膨大なデータに基づいて意思決定を行っており，ほとんどの学問分野においてデータ駆動型の研究手法が重要な位置を占めてきている．また，ディープラーニングは，膨大なデータに基づいた学習が従来の複雑なアルゴリズムを凌駕する事例が多いことを示している．高等学校の教科「情報」の学習指導要領にデータベースが含まれていることからもわかるように，日々生み出される膨大なデータを適切に管理し使いこなすことは，もはや情報分野の専門家のみならず現代を生きる人間にとっては必須の素養になってきている．

　このため，大学では，データベースは情報を専門とするほぼすべての学科のカリキュラムに含まれている．そして，近年，情報に関連する学会により大学の学部レベルにおける情報専門学科のカリキュラム標準が策定されている．国際的には ACM/IEEE–CS が継続的な取り組みを行っている．1990 年代に計算機が社会のあらゆる領域に浸透するにつれ，情報の分野が多くの方向に急速に拡大し，大学でも多くの異なる種類の学位プログラムが生まれた．もはや，それらをすべて包括するような 4 年間で修了可能な単一のカリキュラムを策定することは不可能であるため，ACM/IEEE–CS は，Computer Science, Computer Engineering, Information Systems, Information Technology, Software Engineering という 5 つの領域のカリキュラムを開発している．国内でも，情報処理学会が ACM/IEEE–CS の標準を参考にする形でこれら 5 つに対応するカリキュラムを策定している．興味深いことに，分野が拡大し

はしがき

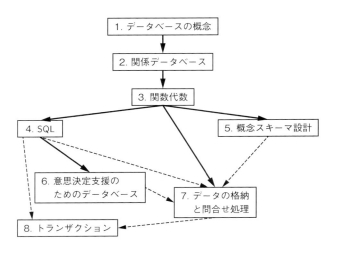

図 1　各章の依存関係

過ぎたためにカリキュラムが 5 つの領域に分けられたにもかかわらず，データベースは，これら 5 つすべてのカリキュラムにおいて必要な知識体系とされている．

　本書は，大学や高等専門学校における授業で使われることを想定しているが，自習書としても使えるように丁寧な記述を心がけた．図 1 は各章の依存関係を表す．実線はこの順序にしたがって学習を進めていくことが望ましいことを表す．点線は弱い依存関係を表し，それにしたがうことが望ましいが必須ではない．また，章の中で基本事項を学習するうえでは読み飛ばしても支障がない節のタイトルには※を付けている．これらを手がかりに科目や学習の目的に応じて章や節を適宜選択して利用されたい．第 1 章から第 5 章までは標準的な学部科目の中心的な内容である．データ解析のためのデータベース技術を学ぶ場合は第 6 章が含まれ，データベース管理システムの内部のしくみを学ぶ場合は，第 7 章と第 8 章の一方，または両方が含まれるであろう．

　計算機科学の他の分野と同様に，データベースの分野も日進月歩で発展している．現在流行している技術も数年後には陳腐化しているかもしれない．この教科書には，過去の技術的発展の中で基礎と

して確立し，今後も重要であると考えられる内容を含めた．

　最初に本書執筆のお誘いを頂いてから，4 年間もの時間が過ぎた．末筆ながら，執筆の機会を与えていただいた森嶋厚行氏をはじめとする当時の情報処理学会データベース研究会の皆様，ならびに一般社団法人 情報処理学会 教科書編集委員会の皆様に深く感謝します．

　本書は，著者がこれまでいくつかの大学で講義を行った際の講義ノートに基づいている．講義ノートにコメントを与えてくれたこれまでの学生に感謝したい．また，草稿に対して丁寧なコメントをいただいた石原靖哲氏，國島丈生氏，および富士通研究所 山本里枝子氏，金政泰彦氏，中村実氏に感謝します．浅野泰仁氏，鬼塚真氏，加藤弘之氏，清水敏之氏，鈴木優氏，馬強氏からも有益なコメントをいただきました．ここに記して感謝します．

　2019 年 4 月

吉川　正俊

目　　次

※を付けた節は，基本事項を学習するうえでは，読み飛ばしても支障がない．

第 1 章　データベースの概念

1.1　データ管理のために必要な機能 …………………… 1

1.2　表計算ソフトとデータベースシステムの違い …… 3

1.3　データベースとデータベース管理システム ……… 4

1.4　基幹系処理と情報系処理 ……………………………… 7

1.5　データモデル…………………………………………… 9

　　1. スキーマとインスタンス　*11*

　　2. データベース言語と問合せ言語　*12*

1.6　データ独立性………………………………………… 13

　　1. 論理的データ独立性　*13*

　　2. 物理的データ独立性　*15*

1.7　データベース管理システム………………………… 17

1.8　データベースの歴史※ ……………………………… 20

　　1. 磁気ディスク出現前　*20*

　　2. 磁気ディスクを用いた初期のシステム　*20*

　　3. 関係データベース　*21*

　　4. オブジェクト指向データベースからオブジェクト
　　　関係データベースへ　*21*

　　5. データウェアハウス　*22*

　　6. 大量データを扱う多様なデータベース　*22*

　　演習問題…………………………………………………… 23

vii

第2章 関係データベース

2.1 関係データモデル ……………………………………… 26
1. 関　係　*27*
2. 関係スキーマ　*31*
3. 関係データベース　*41*
4. ビュー　*44*

2.2 非正規関係 ………………………………………………… 45
演習問題 ………………………………………………………… 46

第3章 関係代数

3.1 関係代数の演算 ……………………………………… 48
1. 通常の集合演算　*48*
2. 関係データベース特有の演算　*52*

3.2 最小限必要な関係代数演算 ………………………… 68
3.3 関係代数式 ………………………………………………… 69
3.4 等価な関係代数式 …………………………………… 71
3.5 問合せによるビューの定義 ………………………… 72
3.6 ビュー更新問題※ ……………………………………… 73
3.7 関係論理※ ………………………………………………… 74
3.8 関係完備※ ………………………………………………… 75
演習問題 ………………………………………………………… 76

第4章 SQL

4.1 SQL のデータモデル ……………………………………… 80

4.2 SQL のデータ定義言語 …………………………………… 81

4.3 ナル値※ …………………………………………………… 83

4.4 問合せの基本 ……………………………………………… 86

    1. 関係代数演算の表現　*87*

    2. SELECT 文の概要　*88*

    3. 単純な SELECT 文 – 射影, 選択, 属性名変更　*89*

    4. 結合, 直積を含む問合せ　*94*

    5. 集合演算　*98*

4.5 ビュー ……………………………………………………… 99

4.6 SQL の更新操作 ………………………………………… 100

    1. 変　更　*100*

    2. 挿　入　*101*

    3. 削　除　*102*

4.7 ナル値に関する述語と演算※ ………………………… 103

    1. ナル値の述語　*103*

    2. ナル値に関する演算　*104*

4.8 副問合せ※ ………………………………………………… 106

    演習問題 …………………………………………………… 112

第5章　概念スキーマ設計

5.1　データ従属性と情報無損失分解 ……………………… 114

　　1. 関数従属性　*114*

　　2. 結合従属性と多値従属性※　*122*

5.2　データ従属性を用いた正規化 …………………………… 127

　　1. 関係データベーススキーマの変換　*128*

　　2. 分解法を用いたボイス–コッド正規形への
　　　情報無損失分解　*129*

　　3. 第3正規形　*141*

　　4. 第2正規形※　*141*

　　5. 情報無損失かつ従属性保存を満たす第3正規形を
　　　求める合成法※　*143*

　　6. 第4正規形と第5正規形※　*146*

5.3　ERモデルの概要 ……………………………………… 148

　　1. 実　体　*148*

　　2. 関　連　*149*

　　3. 弱実体と弱関連　*154*

　　4. 実体型のIsA階層　*155*

　　5. ER図の例　*156*

　　6. ERスキーマから関係データベーススキーマへの
　　　変換　*156*

5.4　スキーマの進化を考慮した設計 ……………………… 160

　　演習問題 ……………………………………………………… 162

第6章 意思決定支援のためのデータベース

6.1	SQL の集約関数と GROUP BY	165
6.2	業務データベース上での集計処理	170
6.3	多次元データモデル	174
6.4	関係データベースにおける多次元データの扱い	175

   1. 次元表と事実表 *175*

   2. スタースキーマ *178*

   3. SQL における CUBE を用いた集計 *179*

演習問題 ………………………………………………………… 180

第7章 データの格納と問合せ処理

7.1	記憶装置の基本的事項	184
7.2	ブロックを単位とする記憶装置のモデル化	185
7.3	関係表のページへの分割	186
7.4	順次探索と直接探索	189
7.5	順ファイルとソートフィールド	189
7.6	索　引	190
7.7	木構造索引	192
7.8	B+木	194

   1. B+木の構造 *195*

   2. B+木の挿入アルゴリズム *198*

   3. B+木の削除アルゴリズム *199*

7.9	ハッシュファイル	202
7.10	ファイル編成	204

   1. 種々の索引 *206*

   2. 索引の作成 *208*

7.11	問合せ処理※	208

   1. 論理的問合せ最適化 *209*

   2. 物理的問合せ最適化 *211*

3. 統計情報を用いた最適化の例　*211*
4. 選択演算処理　*213*
5. 結合演算処理　*214*
演習問題 ……………………………………………………………… 216

第8章　トランザクション

8.1　トランザクションの必要性 ……………………………… 218
8.2　SQL のトランザクション管理 …………………………… 219
8.3　トランザクションの定義 ………………………………… 221
8.4　並行処理制御 ……………………………………………… 222
1. 最終状態直列化可能性　*225*
2. 衝突直列化可能性　*227*
3. 並行制御アルゴリズム　*230*
8.5　トランザクションの回復 ………………………………… 238
1. スケジュールの回復可能性　*239*
2. トランザクションの回復処理　*243*
3. 厳密なスケジュール　*244*
8.6　隔離性水準 ………………………………………………… 247
1. 隔離性水準の危険性　*247*
2. 標準 SQL の隔離性水準　*248*
演習問題 ……………………………………………………………… 250

演習問題略解 ………………………………………………………… 251
参考文献 ……………………………………………………………… 265
索　　引 ……………………………………………………………… 267

第1章

データベースの概念

■ 1.1 データ管理のために必要な機能

　世の中にはデータがあふれており，データを用いて遂行すべき業務の複雑さは増大している．複雑な業務遂行のためにデータを管理する多くのシステムに必要な機能は次のようにまとめることができる．

- (1) 多様で大規模なデータを対象とする．
- (2) データの正しさを管理する．

　また複数の利用者が同時にシステムを利用することを前提とし，次の機能も必要となる．

- (3) データの安全性確保とプライバシー保護を行う．
- (4) 高速，並行，かつ確実に処理する．

　次にこれらの機能を具体的にみるために，大量データを扱うシステムの例として架空の大手ネット企業 Amatoku（天得）[*1] を考えよう．Amatoku は，実店舗とネット商店街を運営し，そのシステ

*1　Amatoku は実在するいかなる個人，団体とも無関係である．

ムは毎日の業務を実行するために，データの取り扱いについて次のような機能をもつ必要がある．

1. 多様で大規模なデータの扱い

Amatoku は国内外を含め数億人の顧客，数百万店の仮想店舗，数千軒の実店舗をもつ．顧客はクレジットカードを使って自由に買い物ができる．Amatoku のデータシステムは，商品，顧客，購買，発注，発送，ポイント管理，返品などの多様で大規模なデータを扱えなければならない．

2. データの正しさの管理

データシステム内のデータは常に正しくなければならない．システム内のデータ全体の一貫性を管理し，相互に矛盾が発生しないようにする必要がある．例えば，ある商品が値上げされたにもかかわらず一時的に古い価格も残っていて新旧 2 つの価格が併存しているような事態はあってはならない．

3. データの安全性確保とプライバシー保護

複数の顧客や商店がデータを同時に利用するため，顧客が他の顧客のパーソナル情報にアクセスすることを許してはならない．また，顧客が商店の内部情報などにアクセスできないようにするなどアクセス制御の機能が必要になる．

4. 高速かつ並行な処理

1 日あたり平均すると Amatoku 全体のうち数 % の顧客が買い物をするならば，1 日で約 1,000 万件の購買データが発生する[*1]．これは単純平均すると 1 秒あたり 100 件以上に相当する．顧客は世界中にいるため，購買は 24 時間絶え間なく発生する．顧客は購入前に大規模な商品データの中から必要なデータを高速に検索できなければならない．また，Amatoku は，顧客が次に購入しそうな商品を推薦するために，過去の膨大な購買履歴データを解析する必要がある．システムはこのような大量のデータを高速かつ同時並行的に処理し，システムに障害があってもデータの消失を防がなければならない．

*1 ほかにも大量の取引が発生する例は多くある．例えば，株式市場の場合，東京証券取引所における 2013 年の 1 日あたり平均注文件数は 2170 万件である．

1.2 表計算ソフトとデータベースシステムの違い

　PC やタブレットなど使うときに，利用者は通常，ファイルをデータの保存単位として意識する．では，1.1 節であげた機能を表計算ソフトのファイルで実現できるであろうか？

　まず，**1.** の多様で大規模なデータについては，表計算ソフトで億の単位のデータを扱うことはできない．また，商品，顧客，購買，発注，発送，ポイント管理，返品などの多様なデータは 1 つの表ではなく複数の表に格納する必要がある．**2.** のデータの正しさについては，これら複数の表にある相互に関連しているデータを更新があっても常に矛盾が生じないようにするためには複雑な管理が必要になる．また，**3.** のアクセス制御については，表計算ソフトではファイルやシート単位では可能であるが，表の行を単位とすることはできない．各顧客のデータは表の各行で管理することになるが，顧客に自分の行のデータだけの読み書きを許すためには，ファイルを対象とするその機能のプログラムを作成しなければならない．さらに，**4.** についても，表計算ソフトの機能では 1 秒あたり 100 件以上になるような高速処理は不可能であり，別途そのためのプログラムを作成しなければならない．

　以上のことから，表計算ソフトで Amatoku のデータを管理することはできないといえる．一方，これから説明するように，データベースシステムはこれらすべての機能をもつ．表 1.1 に両者の違いをまとめる．

表 1.1　表計算ソフトとデータベースシステムの違い

	表計算ソフト	データベースシステム
1 多様で大規模なデータ	×	○
2 データの正しさを管理	△	○
3 データの安全性，プライバシ保護	×	○
4 高速かつ並行に処理	×	○

第1章　データベースの概念

*1　retrieval
*2　update
*3　insertion
*4　deletion
*5　change

検索と更新

　利用者がデータベースに対して行う基本操作は，データベースからある条件に合うデータを読み出すデータの**検索**[1]と，データベースの内容を書き換える**更新**[2]である．更新には，新たなデータの**挿入**[3]，既存データの**削除**[4]，既存データの値の**変更**[5]がある．

■ 1.3　データベースとデータベース管理システム

*6　次ページのコラムを参照.

*7　database

　データベースという用語はさまざまな意味で使われる[6]が，計算機科学分野でいう**データベース**[7]は

　　データの正しさを管理する主体によって体系的に整理され，計算機に永続的に格納されたデータの集まり

---

*8　database
management
system; DBMS

と定義できる．また，**データベース管理システム**[8]は

　　データベースを格納し，データの高速な検索，更新を可能とし，データの同時利用，アクセス制御，障害回復機能を提供するシステム

と定義できる．簡単にいうと，データベースはデータそのものであり，データベース管理システムはそれを管理するシステムである．また，データベースとデータベース管理システムを合わせて**データ**

*9　database
system

ベースシステム[9]と呼ぶ．

　実際にはこれらの用語が厳密に区別されずに使われている場合も多い．

*10　読者にとっては，アプリという呼び方のほうがなじみが深いかもしれない.

　ファイルは，通常1つ，または少数のプログラム[10]からのみ操作される．例えば，表計算のデータが入ったファイルは通常，表計算ソフトからのみ操作される．PCではファイルをクリックするとそれに関連付けられたプログラムが起動する．特定の目的のためにプログラムとファイルが作成される．

　例えば，Amatokuのデータをファイルで管理する場合，顧客管理，購買管理，商品管理のためのプログラムが必要になり，顧客ファイル，購買ファイル，商品ファイルなどのファイルも必要に

1.3 データベースとデータベース管理システム

データの正しさの管理主体の存在

　データベース (database) の語源はデータの基地 (data base) である．データベースは我々の生活に必須となっている．例えば，スマートフォンのアドレス帳はデータベースで管理されている．IC カードを使って駅の改札口を通ったり，コンビニで買い物をするとそれら情報はデータベースに記録される．そのほかにも，会社の商品データベース，顧客データベース，大学の教務データベース，図書データベース，役所の住民データベースなど枚挙に暇がない．では，データを集めたシステムは何でもデータベースといえるのであろうか？データを集めたシステムは何でもデータベースと考える広い意味でのデータベースという用語の使用もよく見かけるが，4 ページの定義にもあるようにデータベースの必要条件として，

> データの正しさを管理する主体が存在しなければならない

という点がある．そのため，管理主体のない単なるデータの集まりはデータベースとはいえない．先の例でいえば，アドレス帳は利用者が管理主体であり，改札データは鉄道事業者，買い物データはコンビニ事業者が管理主体である．また，会社，大学，役所などもデータベースの管理主体である．それに対し，インターネット上にあるデータは玉石混淆であり，インターネット上の全データはその正しさを管理する主体が存在しないためデータベースとは呼べない．

なる．

　一般には，1 つのプログラムが複数のファイルを必要とする場合もある．例えば，購買管理のためのプログラムは，「どの商品をどの顧客が購入したか」という情報を記録する必要があるため，上述の 3 個のファイルすべてを必要とする（図 1.1(a) 参照）．このとき，購買管理プログラムは，複数のファイル間のデータの整合性を保つ必要がある．例えば，顧客のメールアドレスが顧客ファイルと購買ファイルの両方に記録されている場合，メールアドレス変更が生じるとプログラムによって間違いなく両ファイルのデータを変更する必要がある．

　また，複数のプログラムで同様の機能が必要となる．例えば，顧客管理プログラム，購買管理プログラム，商品管理プログラムのいずれにも，膨大なデータの中から特定のデータのみを高速検索する

5

機能や，特定の利用者に特定のデータへのアクセスのみを許すアクセス制御の機能が必要となる．

これに対し，データベースを用いたデータ管理の考え方では，まず，業務によらず組織全体で必要なデータをすべて集約し，体系的に整理，格納，統合管理する．例えば，高速検索やアクセス制御などの機能は，データを管理するプログラムのいずれにも必要となる一般性の高いものであるが，これを各プログラムが個別に実現することは何度も同様の機能を開発することになり無駄である．そこで，データ管理のための機能も集約しデータベース管理システムとする．

図 1.1 にファイルシステムとデータベースシステムの違いを示す．データベース管理システムは，1.1 節であげた機能をすべて提供する．図 1.1(a) のプログラムの灰色の部分は，図 1.1(b) のデータベース管理システムの機能の全部または一部に相当する．表計算ソフトの例でみたようにファイルを対象とするプログラムでは，データベース管理システムが提供するこのような機能はほとんど提供されておらず，もし提供するならば各プログラムで個別に実現する必要がある．

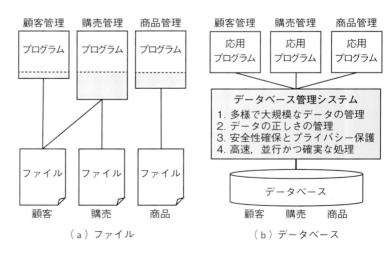

図 1.1　ファイルシステムとデータベースシステムの違い

データベースを利用して特定の応用のために作成されたプログラムのことを**応用プログラム**[1] と呼ぶ．データベースシステムはデータ管理に必要な共通的機能をまとめて提供し必要なデータを統合管理したうえで，種々の応用プログラムによる共用を可能とする．したがって，データベースの応用プログラムは，データ管理機能はデータベース管理システムにまかせ，本来の業務目的に沿った機能のみを実現すればよくなる．

データベースシステムは，オペレーティングシステムのような計算機の基盤システムである．

[1] application program

■ 1.4 　基幹系処理と情報系処理

Amatoku のような多くの組織では，データを用いた処理を次の2種類に大別することができる．

基幹系処理： 組織の基幹業務を遂行するためのデータ処理．銀行であれば顧客による口座への出入，送金，貸出などに伴うデータ処理がそれに相当する．Amatoku の場合は，顧客による購買に伴う伝票処理，クレジットカード引き落とし，ポイント管理などの処理が基幹系処理に含まれる．

情報系処理： 基幹系処理により日々大量に発生するデータを蓄積し，それを解析することにより組織の意思決定を行うための処理．銀行であれば顧客の過去の残高履歴から顧客に勧誘する定期預金や金融商品を決定することなどが相当する．Amatoku の場合は，販売促進のために顧客の購買履歴を解析し，次に購入する可能性がある商品を推薦する処理が情報系処理に含まれる．

Amatoku を例としてそれぞれの処理の特徴を考えると次のようになる．

まず，基幹系処理は，購買に伴うデータ処理を考えた場合，どの顧客がどの商品をどのクレジットカードを使っていつ購入したかなどの情報を記録することになり，1件あたりのデータ量は少な

第1章　データベースの概念

表 1.2　基幹系処理と情報系処理

	基幹系処理	情報系処理
1 処理あたりに必要なデータ量	少ない	膨大
処理の複雑さ	単純	複雑
検索/更新	更新主体	検索主体
処理件数	多い	少ない
結果の厳密性	必要	近似値でよい場合もある
オンラインデータベース処理	OLTP	OLAP

い．処理自体も単純なものであるが，ほとんどの場合，データに対する更新操作を含む．また，顧客は世界中にいるため，購買処理は 24 時間絶え間なく発生する．購買件数は，前述のように簡単に見積もっても 1 日あたり 1,000 万件とすると 1 秒あたり 100 件以上に相当する．

次に，情報系処理では，全顧客または相当数の顧客の購買履歴データを対象とし，次のような多岐にわたる問合せが発生する．

「どのような商品が同時に買われるのか？」
「過去 3 か月に A 社のシャンプーを購入した顧客の年齢層はどのように分布しているか？」
「午後 8 時から 11 時の間に 20 代女性顧客が購入する映画はどのようなジャンルが多いか？」
「11 月に購入されるストーブは機種によって地域差があるのか？」

このような問合せは，膨大な購買履歴データを対象とする複雑な条件の下での相関，分布，頻度などを求めるものである．一般に，このような解析を行うためにはデータの検索が必要であるが，オンラインでデータの更新を行う必要はない．また，このような問合せの結果は，厳密値ではなく近似値でよい場合もある．

*1　online trans-action processing; OLTP

基幹系処理が発生後，データベースシステムでオンラインで即座に処理することを，**オンライントランザクション処理**[*1] と呼ぶ．

*1 online ana-
lytical processing;
OLAP

同様に，情報系処理の場合は，**オンライン解析処理***1 と呼ぶ．

表 1.2 には以上のことをまとめている．

1.5 データモデル

1.1 節で述べたデータ管理のために必要な機能のうち，(1) (2) の
「多様で大規模なデータを対象とし，その正しさを管理する」ため
には，データの統一的な整理方法が必要である．

多くの複雑な状態や現象を抽象化し，それらに共通する規則，原
理，考え方などを簡単に表現するためにいろいろな分野でモデルが
用いられている．例えば，数学モデル，物理モデル，経済モデルな
どがその例である．これと同様に，世の中に存在するデータも多種
多様で相互に複雑に関連しているため，データを統一的に整理し計
算機での格納や操作を容易にするために，データの構造，操作，制
約などを抽象化して表現するモデルが必要となる．データを対象と

*2 data model
*3 文脈から明ら
かにデータモデルを
意味している場合は
単に「モデル」と呼
ぶこともある．

するこのようなモデルを**データモデル***2 と呼ぶ*3．これまでに，
階層モデル，網モデル，関係モデル，実体関連モデル，オブジェク
ト指向モデル，多次元モデル，キーバリューモデル，グラフモデル
などの数多くのデータモデルが提案されている．

関係モデルは，現在最もよく使われているデータモデルであり，
第 2 章で詳しく述べる．関係モデルでは，すべてのデータを単純な
2 次元の表としてモデル化する．図 1.2 は関係モデルを用いたデー
タベースの例であり，3 つの表からなる．表「顧客」と表「商品」は
それぞれ顧客と商品に関する情報を記録しており，表「購入履歴」
はどの顧客がどの商品をいつどれだけ購入したかを記録している．

*4 正式には属性
と呼ぶ．
*5 entity-
relationship
model; 実体関連モ
デル
*6 entity
*7 relationship

また，各表の最初の行は対応する列のデータの見出し*4 を表す．

ほかに，よく使われるデータモデルとして，**ER モデル***5 があ
る．ER モデルは，世の中のすべてのデータを実体*6 と関連*7 に
2 分し，それらの属性とともに整理する考えに基づく．

実体とは，実世界に存在する識別可能な物体や事象であり，関連
とは，複数の実体の間のつながりである．図 1.2 のデータを例にと
ると，「顧客」や「商品」は実体と考えられ，「購入履歴」は「顧客」と

9

第 1 章 データベースの概念

顧客

顧客 ID	顧客名	年齢	e–mail
c1	Yamada	25	yamada@abc
c2	Suzuki	38	suzuki@xyz

購入履歴

顧客 ID	商品 ID	数量	購入月日
c1	p1	3	06-29
c2	p2	2	07-04
c2	p3	1	07-05

商品

商品 ID	商品名	単価
p1	Super Wet	300
p2	Ginmugi	150
p3	Nourei	200

図 1.2 関係モデルに基づくデータベース

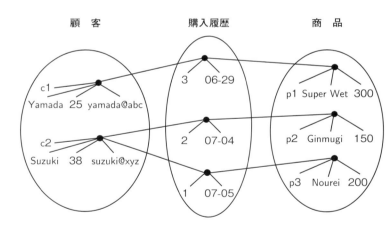

図 1.3 実体関連モデルに基づくデータベース

「商品」の間の関連と考えられる．図 1.2 と同じデータを ER モデルに基づいたデータベースとして表すと，図 1.3 のようになる．図 1.3 の「顧客」や「商品」の中の黒丸はそれぞれ実体を表し，「購入履歴」の中の黒丸は関連を表す．関連はどの実体を結びつけているかを線によって表す．また，実体や関連の黒丸からはそれらの属性の

顧客（顧客 ID，顧客名，年齢，e-mail）
購入履歴（顧客 ID，商品 ID，数量，購入月日）
商品（商品 ID，商品名，単価）

図 1.4　図 1.2 のデータベースのスキーマ

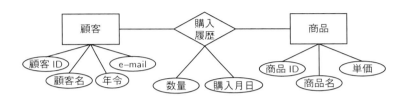

図 1.5　図 1.3 のデータベースのスキーマを表す ER 図

値との間にも線が結ばれている．ER モデルは 5.3 節 (148 ページ) でより詳しく説明する．

1. スキーマとインスタンス

データベース内のデータは更新によって変化していく．例えば，図 1.2 のデータベースに新たに顧客（顧客 ID c3）の行が追加されるかもしれない．しかし，その場合でも図 1.2 において「顧客」表には「顧客 ID」「顧客名」「年齢」「e-mail」の 4 つの列があるという構造の枠組みに変化はない．データベースではこのような枠組みのことを**スキーマ**[*1] と呼ぶ．関係モデルの場合は，スキーマは表の名前や表の見出しなどからなる．図 1.4 は，図 1.2 のデータベースのスキーマを表す．

同様に，ER モデルの場合でも新たに顧客（顧客 ID c3）のデータが追加されたとしても，顧客と商品という実体とそれらの間の購入履歴という関連があるという構造は変わらない．ER モデルの場合はこのような構造の枠組みがスキーマになり，図 1.3 のデータベースのスキーマは，図 1.5 のように ER 図と呼ばれる図で表される．

スキーマと対比される概念として**インスタンス**[*2] がある．インスタンスとはデータベースにおけるデータそのもののことを表す．

*1　schema

*2　instance

第1章　データベースの概念

データベースをデータとそれを入れる容器とするならば，スキーマは容器であり，インスタンスは中に入っているデータである．関係モデルの場合，図 1.2 のデータは，図 1.4 のスキーマに対応するインスタンスである．同様に，ER モデルの場合は，図 1.3 のデータは，図 1.5 のスキーマに対応するインスタンスである．

一般に，データモデルには次の 3 つの構成要素がある．

- 構造 (structure)
- データ操作 (data manipulation)
- 一貫性制約 (integrity constraints)

データモデルに関するここまでの記述は，これらのうち構造に関するものであり，データモデルをより詳しく説明するためにはさらにデータ操作や一貫性制約に関する記述が必要である．それらは，関係モデルについては，第 2 章，第 3 章，第 4 章で説明し，ER モデルについては 5.3 節 (148 ページ) で説明する．

▌2.　データベース言語と問合せ言語

データベース管理システムは，データベースシステムを操作するための**データベース言語**[1] を提供する．データベース言語は複数の機能をもち，各機能に対応する部分は一般的に次のように呼ばれる．

- **データ定義言語 (DDL)**[2]：スキーマなどの定義を行う機能．
- **データ操作言語 (DML)**[3]：データの検索，更新を行う機能．**問合せ言語**[4] とも呼ばれる[5]．
- **データ制御言語 (DCL)**[6]：アクセス権限管理を行う機能．

関係データベースの場合は **SQL** が代表的なデータベース言語である．問合せ言語としての SQL の具体例として，単価が 1,000 円以上の商品名を検索する場合を考える．この検索は SQL では次のように書くことができる[7]．

```
SELECT  商品名                          ···(Q1)
FROM    商品
WHERE   単価 >= 1000
```

[1]　database language

[2]　Data Definition Language

[3]　Data Manipulation Language

[4]　query language

[5]　検索機能に対応する部分だけを問合せ言語と呼ぶこともある．

[6]　Data Control Language

[7]　問合せ言語としての SQL の詳細は，第 4 章，第 6 章で説明する．

*1 procedural
*2 declarative

問合せ言語は手続き的*1 なものと宣言的*2 なものがある．宣言的とは，「どのような (what) データに対して操作を行うか」という条件を指定するだけで検索，更新が可能であることをいう．それに対し，手続き的とは，「どのように (how) データに対して操作を行うか」の手順を指定することを意味する．例えていうと，閉架式の図書館であれば窓口でほしい本を宣言すれば係員が書庫から探してきてくれるため宣言的であるが，開架式の場合は手続き的であり利用者自身がどのフロアのどの書架にどのように行くかというアクセス経路を意識する必要がある．一般に，宣言的な問合せ言語を用いると，手続き的な問合せ言語を用いる場合よりも簡単に問合せを書くことができる．したがって，問合せ言語は宣言的であることが望ましい．SQL の問合せ言語は宣言的である．

データベース言語は，プログラミング言語の能力をすべて備えているわけではない．そのため，応用プログラムはデータベース言語とプログラミング言語を両方用いて作成される．

1.6　データ独立性

*3 data independence

データ独立性*3 とは，データベースの問合せや応用プログラムが，スキーマやデータ格納方法から独立していることを表す．一度作成した応用プログラムが，スキーマやデータ格納方法の変更に影響を受けず，そのまま長期間利用されるための非常に重要な概念である．データ独立性には，**論理的データ独立性***4 と，**物理的データ独立性***5 がある．

*4 logical data independence
*5 physical data independence

1.　論理的データ独立性

先に定義した関係モデルのスキーマにおいて，「商品」表の見出しの名前「商品名」を「品目名」に変更することになった場合には，SQL 問合せ (Q1) やそれを用いた応用プログラムは変更が必要となる．**論理的データ独立性**とは，スキーマの変更が生じた場合でも問合せや応用プログラムは独立しているため変更の必要がないことを表す．

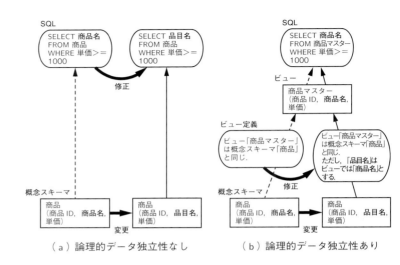

図 1.6 論理的データ独立性

論理的データ独立を実現するためにはスキーマと応用プログラムの間にスキーマの変更を吸収する新たな層が必要となる．これをビュー[*1]または**外部スキーマ**[*2]と呼ぶ．また，ビューと区別する必要がある場合には，これまでスキーマと呼んでいたものを**概念スキーマ**[*3]と呼ぶ．通常，ビューと概念スキーマは同じデータモデルを用いる．ビューは概念スキーマをもとに問合せ言語を用いて定義が記述され，応用プログラムはビューを対象として作成される[*4]．概念スキーマに変更が生じた場合はこの定義を変更することによりビューに変更が及ばないようにし応用プログラムの変更を防ぐ．

図 1.6 は，論理的データ独立性の有無の違いの例を示している．例えば，概念スキーマの「商品」表の見出しの名前「商品名」を「品目名」に変更することになった場合を考える．図中，点線と実線の細線はそれぞれ概念スキーマ変更前と変更後のデータの流れを表す．SQL によって，単価が 1000 円以上の商品名を検索していた場合，このような SQL が図 1.6(a) のように直接，概念スキーマを対象としていた場合は，概念スキーマの変更に伴い，SQL 文の中の

[*1] view
[*2] external schema
[*3] conceptual schema
[*4] 概念スキーマとビューのように，データベースシステムのうち，データの論理的な側面を扱う部分を**論理層**[*5]と呼ぶ．
[*5] logical layer

1.6 データ独立性

「商品名」も「品目名」に修正しなければならない．一方，図 1.6(b)のようにビューを設け，SQL はビュー「商品マスター」を対象として作成しておけば，概念スキーマが変更されても概念スキーマからビューを定義するビュー定義[*1]を変更することにより，ビュー自体に変更が及ばないようにできる．したがって SQL も修正する必要はない．通常，1 つのビューを対象とした多くの SQL と応用プログラムが作成される．論理的データ独立性がない場合は，概念スキーマ変更のたびにこれらの SQL や応用プログラムをすべて修正する必要があり，その維持コストは大きい．したがって，論理的データ独立性の効果は大きい．

概念スキーマは，データベースの作成主体（例えば会社）に必要なすべてのデータを対象として設計される．しかし，会社の中でも顧客担当部門と在庫管理部門が必要とするデータは異なり，顧客が必要とするデータも異なる．そのため，ビューは，利用者または利用者グループごとに概念スキーマの中で必要な部分を抽出し加工して作成される．また，ビューはアクセス制御のためにも用いられる．例えば，顧客の年齢や e-mail は在庫管理部門には不要であり，プライバシー保護のためビューには含めないことにより在庫管理部門からはアクセスできないようにすることができる．

図 1.7 は概念スキーマから複数のビューが定義される例を示す．この図でビュー 3 は顧客を代表し顧客 X としているが，実際には顧客ごとにこのようなビューが作成されることになる．

▌ 2. 物理的データ独立性

データベースの論理的な構造は，概念スキーマや外部スキーマとして利用者にみえるが，データは物理的には記憶装置に格納されている．記憶装置は固有の物理的特性をもっているため，その特性に応じてデータを格納するファイルの編成を行う必要がある．このように，データを格納する記憶装置やその上のファイル編成方法を**内部スキーマ**[*2]と呼ぶ[*3]．また，データベースのスキーマをビュー（すなわち外部スキーマ），概念スキーマ，内部スキーマの 3 つに整理する考え方を**3 層スキーマアーキテクチャ**[*5] という[*6]．

[*1] 図 1.6 では，ビュー定義を自然言語で記述しているが，実際には SQL を用いる（4.5 節（99 ページ）参照）．

[*2] internal schema

[*3] 内部スキーマのようにデータベースシステムのうちデータの物理的な側面を扱う部分を**物理層**[*4]と呼ぶ．

[*4] physical layer

[*5] three-level schema architecture

[*6] ANSI/X3/SPARC または ANSI/SPARC の 3 層スキーマアーキテクチャと呼ばれることも多い．これは 3 層スキーマアーキテクチャが 1975 年に ANSI（米国規格協会）の下部組織 X3[*7]の下部組織 SPARC[*8]により提案されたことによる．

[*7] Committee on Computers and Information Processing

[*8] Standards Planning And Requirements Committee

15

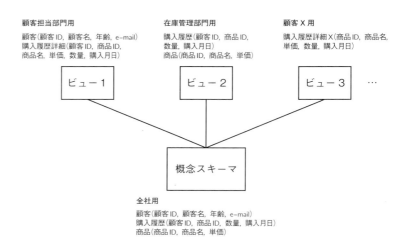

図 1.7　概念スキーマとビュー

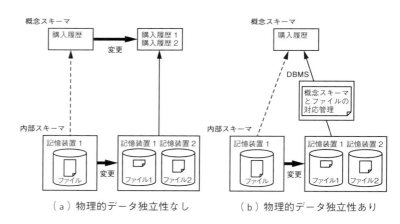

図 1.8　物理的データ独立性

*1 physical data independence

物理的データ独立性[*1] とは，概念スキーマが内部スキーマから独立していること，すなわち，内部スキーマに変更が生じても概念スキーマを変更する必要がないことをいう．このことを図 1.4 に示した概念スキーマを例として説明する．例えば，購入履歴の量が増加してきたために，物理的に格納している「購入履歴」表のファイ

ルを分割し古い購入履歴は別の記憶装置に移動するとしよう．物理的データ独立性が実現されていれば，このような内部スキーマの変更があったとしてもデータベース管理システムが概念スキーマとファイルの対応を管理するため概念スキーマの変更をする必要はない（図 1.8）．

　概念スキーマや内部スキーマの変更は一般に応用プログラム開発者の考えとは無関係に生じる．そのたびに応用プログラムの変更が必要になることは人件費が生じ，応用プログラムの保守にコストがかかることを意味する．**データ独立性**とはこのような変更が生じても問合せや応用プログラムを変更する必要がないことを表す．

■ 1.7 データベース管理システム

　データベース管理システムは，1.1 節（1 ページ）であげた 4 つの機能を提供する．1.5 節（9 ページ）で述べたように，(1) (2) の機能を満たすためにはデータモデルが必要であり，データベース管理システムはあるデータモデルに基づいて構築される．したがって，例えば xx データモデルに基づくデータベース管理システムは，データモデルの名前を先頭に付け，「xx データベース管理システム」のように呼ぶ．関係モデルに基づく場合は，**関係データベース管理システム**[*1] となる．

*1 relational database management system; RDBMS

　データベース管理システムでは，1.1 節の (3) の機能はアクセス制御として実現され，(4) の機能は，問合せ処理，並行制御，障害回復として実現される．

　図 1.9 は，データベース管理システムのこれらの機能と 3 層スキーマの関係を表す．外部スキーマや概念スキーマもデータベース管理システムによって管理されるが，定義されたこれらのスキーマはデータモデルが同じであれば他のデータベース管理システムにも容易に移行できるため，この図ではデータベース管理システムの外に配置している．

*2 database administrator; DBA

　データベースシステムにはそれを管理する**データベース管理者**[*2] がおり，3 層スキーマを定義する．データベースの利用者は，

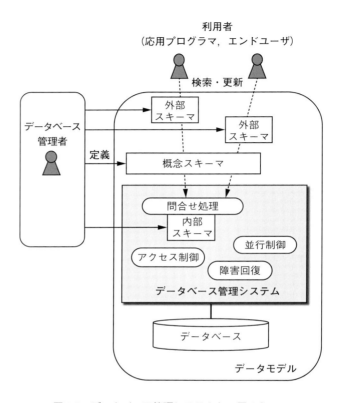

図 1.9 データベース管理システムと 3 層スキーマ

データベースシステムを応用したプログラムを開発する**応用プログラマ**[*1] と，それを利用する**エンドユーザ (末端利用者)**[*2] に分けることができる．

*1 application programmer
*2 end user

会社などの組織においてデータベースを構築する場合，データベース管理システムやそのための計算機システムの所有，管理形態には，次の 2 つの選択肢がある (図 1.10 参照)．

*3 on-premises database

オンプレミスデータベース[*3]： データベース管理システムやそのための計算機システムを組織内で所有，管理する．データベースは組織内の計算機に格納する．

1.7 データベース管理システム

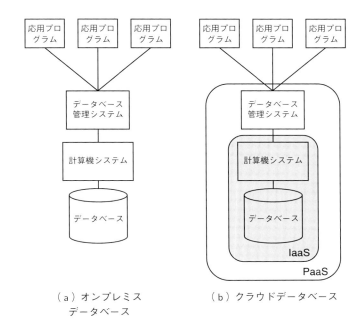

図 1.10　データベース管理システムの提供形態

*1 cloud database

クラウドデータベース[*1]：外部のクラウドサービス会社が提供するデータベース管理システムや計算機システムをネットワーク経由で利用し，データベースはクラウドサービス会社の計算機に格納する．クラウドサービス会社が提供する計算機システムをそのまま利用し，その上のデータベース管理システムは，利用者が自由に選択する場合は IaaS[*2] と呼ばれ，データベース管理システムもクラウド提供会社が用意したものを利用する場合は PaaS[*3] と呼ばれる．

*2 Infrastructure as a Service
*3 Platform as a Service

従来，オンプレミス型データベース管理システムを販売していた各ベンダーは，クラウドサービスの普及とともにクラウドデータベースも販売している．クラウドサービスは，データ量の増加に応じて必要なデータ格納領域や計算資源を従量制で購入できる点で柔軟性をもつ．クラウドデータベースでは，計算機システムやデータベース管理システムの管理はクラウド管理会社にまかせることがで

19

第1章　データベースの概念

> クラウドの正体：データセンタ
>
> 　クラウドは雲 (cloud) のことであり，クラウドサービスを使うと利用者にはデータが雲の上のどこかに格納されているようにも感じられるところからこの名前が使われている．
> 　しかし，実際にはデータはクラウドサービスを提供している会社のデータセンタにある．大規模なセンタであれば km^2 の単位に及ぶ広大な敷地の建屋内に設置された膨大な計算機サーバからなる．安全対策上，データセンタでの人の出入りは厳重に管理されており，データセンタの場所の詳細が明らかにされていない場合もある．

きるため，データベース管理者の負担が軽減される．

■ 1.8　データベースの歴史※

▌1.　磁気ディスク出現前

　McGee は，1959 年に発表した論文で，磁気テープに格納されているデータファイルを対象とする統合されたデータ処理システムには，完全で正確な情報を含む単一の集中ファイルの存在が必要になるとし，それをソースファイル (source file) と名づけた．これはデータベースの原初的なアイデアといえる．

▌2.　磁気ディスクを用いた初期のシステム

　1956 年には世界初の磁気ディスク「IBM 350 Disk Storage Unit」と，それを外部記憶装置としてもつ計算機システム「305 RAMAC」が発表された．磁気ディスクによって，格納場所によらず，データに直接アクセスすることができるようになった．この出現によりデータベース管理システムは大きく発展した．

*1　Integrated Data Store

　Bachman らによって開発された **IDS**[*1] は，磁気ディスクを利用した最初期の重要なシステムである．データモデルは，後に**ネットワークデータモデル**と呼ばれるものであり，高級言語プログラムの中から IDS を呼び出して操作を行う．データ構造を図式化する

*2　Bachman diagram

ために，後に「**バックマン線図**[*2]」と呼ばれる方法が導入された．

IDS が開発された当時はまだ「データベース」という用語がなく，IDS 自身は，「データベース管理システム」とは銘打っていないが，世界で初めて現代のデータベース管理システムの原型を実現した意義は大きい．

1960 年後半には，Bachman が IDS 開発のために出したアイデアが，COBOL 言語を作成した CODASYL のデータベースタスクグループ (**DBTG**) によって採用された．DBTG が 1969 年に発行した最初のレポートには，データベースの基本的な概念や用語が記載され，「データベース管理システム」の概念を形成し普及するために重要な役割を果たした

また，IBM の **IMS**[*1] は，アポロ計画を実現するためにロケットや宇宙船の膨大な部品を管理するシステムとして 1967 年にリリースされた．IMS は，**階層型データモデル**を採用しており，基幹システムを中心に長く使われ続けている．

*1 Information Management System

▌3.　関係データベース

1969 年に Codd がデータベースを複数の表によって表現する関係モデルを発表した．IBM San Jose 研究所の **System R** とカリフォルニア大学バークレー校 (UCB) の **INGRES** は，最初に実装された関係データベースシステムとして著名である．1981 年には，System R に基づき SQL/Data System が製品化され，これは後の **DB2** となる．

1970 年代は，商用のシステムとしてはネットワークモデルや階層モデルに基づくものが主流であるが，1980 年代に入ると商用の関係データベースが現れ，市場に食い込み始めた．データベース言語 SQL の標準化も進み，1986 年に ANSI が最初の標準を出版した．その後も ISO[*2] において継続的に改訂が続けられている．

*2 International Organization for Standization

▌4.　オブジェクト指向データベースからオブジェクト関係データベースへ

データベース管理システムは，文字列や数値などの単純なデータを対象とするビジネス応用を念頭に開発されたが，データベースを

より広い用途に利用する要求が広まるにつれ、複雑なデータやマルチメディアデータを対象とする必要性が出てきた。この背景の1つには、計算機の処理能力向上と記憶容量増大により、マルチメディアデータのデジタル化とその格納が可能となったことがある。1980年代半ばから開発された**POSTGRES**は、上述の要求に応えようとする最初期のシステムであり、INGRESを拡張し、複合オブジェクトや利用者定義型を導入した。また、1990年前後にオブジェクト指向プログラミング言語を拡張し、永続データを操作する機能を与えた**オブジェクト指向データベース**が多数開発された。これらの動きは、関係データベースにオブジェクト指向データベースの機能を取り入れた**オブジェクト関係データベース**の開発へとつながった。

このような考えを取り入れながら、その後も多くの関係データベースシステムが商用システムや**PostgreSQL**[*1]、**MySQL**などのオープンソースシステムとして開発された。

> [*1] POSTGRESSの問合せ言語をSQLに変更した後継システム.

▌5. データウェアハウス

1980年代を通じパーソナルコンピュータ (PC) が普及し、多くのPCからデータベース内のデータ解析を行う要求が生じた。トランザクション処理のために設計されたそれまでのデータベースはデータ解析には適していないことが多いため、業務データベースの内容をコピーし、データ解析に適した形に再編成した**データウェアハウス**の概念が生まれた。1980年代から1990年代にかけてデータウェアハウスの概念が整理され、実システムも開発された。また、並行してデータマイニングのアルゴリズムも開発が進んだ。

▌6. 大量データを扱う多様なデータベース

1990年代半ばからWebが急速に普及し、Yahoo, Amazon, Googleなどの企業が出現した。これらの企業では大量データを高速にバッチ処理する必要があるため、2000年に入り**GFS**[*2]、**Amazon S3**などの分散ファイルシステムが開発された。また、応用からの要求の多様化に応じて、データベース管理システム自体も多様化している。さらに、2005年頃からクラウド上でデータベース機能を提供する考え方が現れ始めた。

> [*2] Google File System

演習問題

●本章のおわりに●

データベースは実用上重要なシステムであるため，教科書や解説書が数多く出版されている．

データベースを本格的に勉強するための英文教科書としては次のものがある．

Date の教科書は長年にわたり判を重ねてきており，2019 年現在の最新は第 8 版[1] である．スタンフォード大学データベースグループは熱心に教科書を出版しており，Ullman らによる初習者用のもの[2]や Garcia–Molina らによる網羅的かつ詳細な記述のもの[3] がある．Abiteboul らの教科書[4]は，関係データベースを中心にデータベース理論についてまとめている．

また，Stonebraker らが選定したデータベースの代表的論文の論文集[5]は，この分野を深く学ぼうとする者にとって必読書であろう．論文そのものに加え，各章の最初にある編者らによるその分野のまとめが興味深い．最新の第 5 版は Web 上で提供されている（http://www.redbook.io/）.

データベースシステムの百科事典[6]も出版されている．

演 習 問 題

問1　データベースを用いたシステムの中で，あなたが個人的に知っている，または，使ったことがあるものを 1 つ選び，そのシステムの概要を説明しなさい．

　　　また，そのシステムでデータベースがどのような役割を果たしているか，わかる範囲で説明しなさい．

第 2 章

関係データベース

*1 relational
database

*2 http://
hyakugo.kyoto.
jp/about/top

*3 http://
hyakugo.kyoto.
jp/hyakuwa/18

　関係データベース*1 は，データを表の形で整理するという考え
方に基づく．この考え方は人間にとって自然な方法であり昔からよ
く使われてきた．例えば，東寺の百合文書（ひゃくごうもんじょ）*2
に収蔵されている南北朝時代の「大師御絵用途注文」という文書に
は絵巻の絵師の報酬が表の形でまとめられている．図 2.1 は，それ
をわかりやすく整理したものである*3.

　この考え方を計算機上で実装可能なデータモデルとして体系化
したのは，IBM の研究者であった Codd である．それまでオート
マトンの研究をしていた Codd は，1969 年に関係データベースに

絵師の名	担当した巻 （絵部分の紙数）	報　酬	酒直（飲食費） 雑費等
南都絵師 祐高法眼	第 1 巻～第 4 巻半ば （計 73 紙）	6 貫文	4 貫 881 文 （京都滞在費含む）
絵師 中務少輔久行	第 4 巻半ば～第 11 巻 （計 104 紙）	22 貫 500 文	984 文
絵師 大進法眼	第 12 巻 （計 34 紙）	5 貫文	390 文
絵所 大蔵少輔 巨勢行忠	第 11 巻描き直し （計 19 紙）	6 貫文	2 貫 367 文

図 2.1　「大師御絵用途注文」に記録されている絵師の報酬

第2章　関係データベース

> **ACM チューリング賞**
>
> 　Codd は，関係データベース発明の功績により計算機科学のノーベル賞といわれる ACM チューリング賞を受賞した．
> 　データベースに関連する功績による受賞者は，ほかにも 1973 年に Bachman 線図の考案などを含むデータベース技術への貢献により受賞した Charles Bachman，トランザクション処理の研究により 1998 年に受賞した James Gray，データベースシステムアーキテクチャに関する研究により 2014 年に受賞した Michael Stonebraker らがいる．

関する最初の論文を発表した[7]．表を用いてデータを整理するというアイデアは誰でも思いつくような単純なものであるが，Codd はデータをいくつかの表の形に整理するデータベースの定義や，表の集まりからデータを検索する手法，冗長性がないように表を設計するための基準などを数学的に定式化することにより強固な理論的基盤を築いた．

　関係データベースの論文が発表された当初は計算機の能力が不十分であったため，実際に実用的な性能をもつデータベース管理システムを実装することは不可能であるという批判もあった．しかし，その後 1970 年代を通じて関係データベース管理システムの実験システムの開発研究が盛んに行われ，約 10 年後には商用システムが完成するまでになった．この功績により，Codd は 1981 年に計算機科学のノーベル賞といわれる ACM チューリング賞を受賞している．

*1　RDBMS Genealogy という Web ページ https://hpi.de/ naumann/ projects/rdbms-genealogy.html には，1970 年代からこれまでに開発された関係データベースシステムが，網羅的に系統樹としてまとめられている．

　現在では，商用のものやオープンソースソフトウェアなど数多くの関係データベース管理システムが存在する*1．また，関係データモデルを改良，発展させたデータモデルや，関係モデルとは異なる考え方のデータモデルに基づく，いくつかのデータベースシステムが存在する．これら多様なデータベースを理解するための基礎知識として関係データベースは非常に重要である．

2.1　関係データモデル

　関係データモデルでは，いくつかの表でデータを表現する．それ

2.1 関係データモデル

それの表を関係と呼び，1つ以上の表を用いて，あるまとまった意味のあるデータを表現したものを関係データベースと呼ぶ．ここではまず，1つの関係に関する定義と説明を 1. 項，2. 項で行い，関係データベースに関する説明を 3. 項で行う．また，4. 項ではビューの説明を行う．

▌1. 関 係

*1 relational data model

*2 relation

*3 relational table

*4 単に表 (table) と呼ぶこともある.

*5 ただし，数学で定義される「関係」とは少し異なる (30ページのコラム参照).

　関係データモデル[*1]とは，データベース内のデータをいくつかの 2 次元の表によって表現するデータモデルである．この表のことを関係[*2]あるいは関係表[*3]と呼ぶ[*4]．「関係」という用語は，数学上の関係の概念に由来する[*5]．表の各行は実世界のある実体や関連に対応し，その実体や関連に関するデータが各列に記述される．ここでは，まず関係の概念を例を用いて説明し，続いて形式的な定義を与える．

*6 relation name

*7 attribute

*8 列全体を属性と呼び，その見出しを属性名（attribute name），見出し以外の値を属性値（attribute value）と呼ぶ場合もある.

*9 tuple

*10 データベース言語SQLでは，属性に対応する概念を列，組に対応する概念を行と呼ぶ．これらの違いについては 4.1 節 (80 ページ) で説明する.

　例えば，図 2.2 は，ある大学における学生に関するデータを関係データモデルで表現した場合の例を示す．この表は，各行は実世界に存在する 1 人ひとりの学生という実体を表現していることになる．表の左上にある「学生」は，この表の名前を表しており，関係名[*6]と呼ばれる．表の先頭行にある「学生番号」「学生名」などは各列に入っているデータの見出しの役割を果たすものであり，**属性**[*7][*8]と呼ぶ．また

$$(\text{``S1''}, \text{``山田''}, \text{``京都''}, 19)$$

などの各行のことを**組 (タプル)**[*9]と呼ぶ[*10]．
　関係は組の集合である．したがって，関係内の組の順序は論理的

学生

学生番号	学生名	都市	年齢
S1	山田	京都	19
S2	鈴木	大阪	20
S3	小島	奈良	22
S4	武田	京都	18
S5	高木	神戸	21

図 2.2　関係の例

第2章　関係データベース

には任意であり，例えば，図 2.3(a) のように組の順序を入れ替えた関係は，図 2.2 と同じ内容の情報を表しているとみなすことができる．また，関係内の属性の順序も論理的には任意である．すなわち，関係「学生」の属性の順序を，例えば左から順に学生名，年齢，都市，学生番号のように変更しても，データ内容が同じであれば同じ関係とみなされる．すなわち，図 2.3(b) の関係は図 2.2 と同じ関係である．以上をまとめると，関係「学生」「学生–a」「学生–b」はすべて同じであり区別をしない．

学生–a

学生番号	学生名	都市	年齢
S3	小島	奈良	22
S2	鈴木	大阪	20
S5	高木	神戸	21
S1	山田	京都	19
S4	武田	京都	18

(a)

学生–b

学生名	年齢	都市	学生番号
山田	19	京都	S1
鈴木	20	大阪	S2
小島	22	奈良	S3
武田	18	京都	S4
高木	21	神戸	S5

(b)

図 2.3　関係「学生」の行や列の順序を変更した関係

*1 degree, arity

*2 cardinality

関係の属性の数のことを**次数**[*1] と呼び，組の数のことを**基数**（または**組数**，関係の**大きさ**）[*2] と呼ぶ．したがって，図 2.2 の関係「学生」は，次数が 4，基数が 5 の関係である．次数が n の関係は n 項関係とも呼ぶ．

また，各属性にはその属性に現れてもよい値の集合が関連付けられている．例えば図 2.2 の関係において属性「学生名」には文字列の集合，属性「年齢」には整数の集合が関連付けられることになる．

*3 domain

このような集合を属性の**定義域**[*3] と呼ぶ．

一般には値が不明などの理由でデータを記録できない場合がある．例えば，ある学生の年齢が不明の場合などである．その場合は，空値という特別な値を記入する．空値については 4.3 節で説明するが，それまでは簡単のためデータベース中に空値はないものとする．次に，形式的な定義に移る．

関係の形式的定義

一般に，関係は表の形で表されるが，関係「学生」「学生–a」「学生–b」がすべて同じであるように，組や属性の間に順序はない．このことは関係データモデルの基本的な性質である．

この性質を満たすように関係を形式的に定義するためには，組は写像とし，関係は組の集合とすればよい．例えば，属性集合

$$U = \{学生番号, 学生名, 都市, 年齢\}$$

であり，属性「学生番号」「学生名」「都市」「年齢」の定義域がそれぞれ $Dom_1, Dom_2, Dom_3, Dom_4$ のとき，("S1", "山田", "京都", 19) という組は，図 2.4 の実線で示されるような属性集合 U から値の集合 Dom への写像である．また，図 2.4 の点線で示される写像は，("S4", "武田", "京都", 18) という組を表す．この考え方に基づく組と関係の定義を以下に与える．

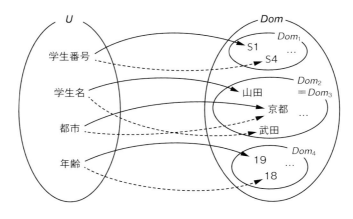

図 2.4　写像としての組

第 2 章　関係データベース

> 数学における関係
>
> 数学において，n 個の集合
>
> $$S_1, S_2, \ldots, S_n \qquad (n \geq 2)$$
>
> の直積 $S_1 \times S_2 \times \cdots \times S_n$ の部分集合を，$S_1, S_2, \ldots, S_n$ の上の (n 項) 関係と呼ぶ（日本数学会 編集：岩波数学辞典 第 4 版，岩波書店 (2007) などを参照されたい）．
>
> 　例えば，$S_1 = \{a, b\}, S_2 = \{1, 2\}$ のとき
>
> $$S_1 \times S_2 = \{(a, 1), (a, 2), (b, 1), (b, 2)\}$$
>
> の部分集合 $\{(a, 2), (b, 1)\}$ は，S_1, S_2 の上の二項関係である．このとき
>
> $$S_1 \times S_2 \neq S_2 \times S_1 = \{(1, a), (1, b), (2, a), (2, b)\}$$
>
> である．
>
> 　すなわち，直積は，もとの集合の順序が異なると，別のものになる．
> 　関係データベースの関係を厳密に定義するときに，数学上の関係の概念に基づくのではなく写像を用いるのは，属性間に順序が生じないようにするためである．

*1　より正確には原子値*2．原子値とは構造をもたず，それ以上分解すると意味がなくなる最小単位としての値のことをいう．

*2　atomic value

定義 2.1.1　$U = \{A_1, A_2, \ldots, A_n\}$ を属性の集合，Dom を値[*1]の集合とする．U 上の**組** (tuple) は，U から Dom への写像である．ただし，属性 A_i の定義域を $Dom_i (\subseteq Dom)$ とすると組 t の属性 A_i の値 $t(A_i)$ は Dom_i の要素でなければならない．すなわち，$t(A_i) \in Dom_i$ でなければならない．

　また，U 上の**関係** (relation) は，U 上の組の集合である．なお，I が U 上の関係のとき，$att(I)$ により U を表す．　　□

　関係は，形式的にはこのように写像の集合として定義できるが，実際にそのデータを表す場合は，便宜上，図 2.2 に示したような表が用いられる．

　次に，定義 2.1.1 の関係と数学における関係（30 ページのコラム）

2.1 関係データモデル

の違いを簡単に説明する．定義 2.1.1 における組は，写像であるため属性間の順序は存在しない．一方，数学における関係に基づいて属性集合 $U = \{A_1, A_2, \ldots, A_n\}$ 上のデータベースの関係 R を定義した場合，属性 A_i $(i = 1, 2, \ldots, n)$ の定義域を Dom_i とすると

$$R \subseteq Dom_1 \times Dom_2 \times \cdots \times Dom_n$$

となる．すなわち，組は直積の 1 つの要素であるため，属性間に順序が生じる．具体例として，30 ページのコラムで紹介されている数学における関係をそのまま利用して関係を定義した場合を考えると，図 2.2 の関係「学生」は

$$学生 \subseteq Dom_1 \times Dom_2 \times Dom_3 \times Dom_4$$

であり，一方，データの内容は変更せず属性の順序だけを変更した図 2.3(b) の関係「学生–b」は

$$学生\text{–b} \subseteq Dom_2 \times Dom_4 \times Dom_3 \times Dom_1$$

となる．そのため，「学生」と「学生–b」は異なる関係と定義される[*1]．

定義 2.1.1 のように組を写像として定義し，関係を組の集合と定義するのは，関係において属性間や組の間に順序を導入しないためである[*2]．

*1 一方，数学における関係に基づく場合でも組に順序はつかず，関係「学生」と「学生–a」は同じとみなされる．

*2 Codd は，その関係データモデルを提案した論文の最初で，数学的な「関係」の概念に沿って属性間に順序を仮定する関係を定義したが，同じ論文において，引き続きそれをより使いやすいものにするために，属性間に順序を仮定しない関係に一般化している．

2. 関係スキーマ

一般にデータベースにおいてデータを格納するための入れ物，枠組のことを**スキーマ**と呼ぶが，関係データモデルにおける **関係スキーマ**[*3] は，関係スキーマ名，関係の属性集合および一貫性制約集合からなる．例えば，図 2.2 に示した関係の場合，関係スキーマ名は**学生**[*4]，関係の属性集合は {学生番号, 学生名, 都市, 年齢} である．一貫性制約とは，どのような関係も満足すべき制約のことをいう．例えば，図 2.2 の関係が表現するデータの意味を考慮すると，対応する関係スキーマの一貫性制約には次のものが含まれると考えることが自然である．

*3 relation schema.

*4 より厳密には「学生」は関係名であるが，あいまいさが生じない場合は，関係名と関係スキーマ名として，同一の名前を用いる．

31

第2章　関係データベース

(制約 1) 属性「学生番号」に現れる値に重複はない.

(制約 2) 属性「年齢」に現れる値は整数である.

*1 意味的制約*2と呼ばれることもある.

一般には，属性集合 U 上の**一貫性制約**[*1][*3] σ とは，U 上の関係に対する述語である．すなわち σ は次のような写像である．

*2 semantic constraints

$$\sigma : \{R \mid R \text{ は } U \text{ 上の関係}\} \to \{真, 偽\}$$

*3 integrity constraints

ある一貫性制約は，「各関係に対して真か偽を判定することにより，真となるような関係のみを許すという制約を表現している」とみることができる．先述の (制約 1) (制約 2) はいずれも一貫性制約である．ある関係スキーマで定義される属性集合をちょうどもち，一貫性制約をすべて満足する関係をその関係スキーマの**インスタンス**であるという．一般にデータベースの内容は時間とともに更新され変化するが，変化した後の関係も対応する関係スキーマのインスタンスでなければならない．したがって，1 つの関係スキーマのインスタンスは一般に複数個存在する．

例えば，属性集合が {学生番号, 学生名, 都市, 年齢} であり，一貫性制約が前記の（制約 1）と（制約 2）である関係スキーマを考えよう．図 2.2 の関係はこれらの制約をいずれも満足するため，この関係スキーマのインスタンスであるといえる．1 年後には学生の入学，卒業などでこの関係の内容は，図 2.5 の学生–c のようになっているかもしれない．この学生–c も（制約 1）（制約 2）をいずれも満足するため，この関係のインスタンスである．

学生–c

学生番号	学生名	都市	年齢
S1	山田	京都	20
S2	鈴木	大阪	21
S4	武田	京都	19
S6	近藤	大津	18
S7	木村	堺	19
S8	矢崎	大阪	18

図 2.5　別の関係インスタンスの例

2.1 関係データモデル

　それに対して，図 2.6 の関係「学生–d」は，前記の（制約 1）を満足しておらず，関係「学生–e」は，（制約 2）を満足していない．したがって，これら 2 つの関係はいずれもこの関係スキーマのインスタンスではない．

学生–d

学生番号	学生名	都市	年齢
S1	山田	京都	19
S1	鈴木	大阪	20
S3	小島	奈良	22
S4	武田	京都	18
S3	高木	神戸	21

学生–e

学生番号	学生名	都市	年齢
S1	山田	京都	10 代
S2	鈴木	大阪	はたち
S3	小島	奈良	22
S4	武田	京都	10 代
S5	高木	神戸	21

図 2.6　一貫性制約を満たさない関係の例

　関係スキーマは，次のように定義される．

定義 2.1.2　関係スキーマは，関係スキーマ名 R，属性の有限集合 $\{A_1, A_2, \ldots, A_n\}$，および $\{A_1, A_2, \ldots, A_n\}$ 上の一貫性制約の有限集合 $\{\sigma_1, \sigma_2, \ldots, \sigma_m\}$ からなり，それを

$$(R(A_1, A_2, \ldots, A_n), \{\sigma_1, \sigma_2, \ldots, \sigma_m\})$$

のように表現する．また，R の属性集合 $\{A_1, A_2, \ldots, A_n\}$ および一貫性制約の集合 $\{\sigma_1, \sigma_2, \ldots, \sigma_m\}$ をそれぞれ

$$att(R), \qquad \Sigma(R)$$

と表すものとする．　　　　　　　　　　　　　　　　　　　　　□

　一貫性制約が自明な場合やそれを考慮しないときは，関係スキーマを簡単に $R(A_1, A_2, \ldots A_n)$ のように表記することもある．例え

33

ば，図 2.2 の関係に対応する関係スキーマは，簡単に，**学生** (学生番号, 学生名, 都市, 年齢) のように表現される．さらに，属性集合が自明な場合やそれを考慮しない場合は，関係スキーマ名 R のみで関係スキーマを表現することもある．

(i) 関係スキーマとインスタンス
定義 2.1.3　関係スキーマ

$$(R(A_1, A_2, \ldots, A_n), \{\sigma_1, \sigma_2, \ldots, \sigma_m\})$$

を考える．属性集合 $\{A_1, A_2, \ldots, A_n\}$ 上のある関係 R があるとき，R が $\{\sigma_1, \sigma_2, \ldots, \sigma_m\}$ 内のすべての一貫性制約を満足するならば，またそのときに限り R は関係スキーマ R の**関係**，または**インスタンス**，または**関係インスタンス**であるという．　　□

　一般に，関係スキーマ R のインスタンスは更新とともにその内容が変化するが，上記の定義からわかるように，一貫性制約 $\Sigma(R)$ とは，R のインスタンスがどのように更新されようとも必ず満足しなければならない制約である．

<u>**例 2.1.1**</u>　　図 2.2 に示した関係「学生」の関係スキーマは

$$(\text{学生} (\text{学生番号, 学生名, 都市, 年齢}), \Sigma(\text{学生}))$$

のように表現できる．

　ただし，ここで $\Sigma($学生$)$ は，次のような一貫性制約を含む．

σ_1：　属性「学生番号」に現れる値に重複はない．
σ_2：　属性「学生番号」の値として許されるのは文字列である．
σ_3：　属性「学生名」の値として許されるのは文字列である．
σ_4：　属性「都市」の値として許されるのは文字列である．
σ_5：　属性「年齢」の値として許されるのは整数値である．

　前述の (制約 1) は，一貫性制約 σ_1 であり，(制約 2) は，σ_5 に相当する．図 2.2 や図 2.5 の関係は，この関係スキーマのインスタンスである．　　□

2.1 関係データモデル

次に関係スキーマの代表的な一貫性制約である属性の定義域とキーの概念について説明する.

(ii) 定義域

関係が表すデータの意味を考慮した場合，通常は各属性ごとに出現が許される値の範囲は異なる．例えば関係スキーマ**学生**において学生名の値は通常文字列 (String) であり，整数値 (Integer) やブール値 (Boolean) を値としてもつことはない．また，年齢の値は整数でなければならない．このような，各属性に値として出現することが許されるデータの集合のことをその属性の**定義域**[*1] という．一般にある属性 A の定義域は，$dom(A)$ のように表す．定義域は関係スキーマの一貫性制約の重要な構成要素である．例えば，例 2.1.1 の関係スキーマでは，$\sigma_2, \sigma_3, \sigma_4, \sigma_5$ が定義域を表す一貫性制約であり，それぞれ次のように表現することができる.

*1 domain

$$\sigma_2: \quad dom(学生番号) = \text{String}$$
$$\sigma_3: \quad dom(学生名) = \text{String}$$
$$\sigma_4: \quad dom(都市) = \text{String}$$
$$\sigma_5: \quad dom(年齢) = \text{Integer}$$

dom は属性から定義域への写像とみなせるため，関係スキーマとして属性集合 (U とする) と定義域のみに着目する場合は，(U, dom) により関係スキーマを表す．また，I が関係インスタンスの場合は，$(att(I), dom)$ により関係スキーマを表すこともある.

(iii) キー

キー (key) とは，関係の中のある組を一意に決めるために必要な極小の属性集合のことをいう．キーは関係スキーマが表すデータの意味に基づいて決定される．例えば，例 2.1.1 の関係スキーマ**学生**の場合は，属性の意味を考えると学生番号の値を 1 つ決めると組が 1 つ決まる.

したがって，この場合は，{学生番号} という 1 つの属性からなる属性集合がキーとなる.

定義 2.1.4 （キー）　関係スキーマ R において以下の条件 (i),

35

(ii) を満足する属性集合 $X(\subseteq att(\boldsymbol{R}))$ を $\boldsymbol{R}$ のキーと呼ぶ.

(i) （一意性） $\boldsymbol{R}$ の任意のインスタンス I の任意の組 t に対し，次のことが成り立つ.

t と X のすべての属性の属性値が一致するような他の組は I には存在しない.

(ii) （極小性） X の真部分集合で (i) の性質を満足するものは存在しない.

□

関係スキーマ**学生**のインスタンスである図 2.2 の関係を例として考える.

例えば，属性集合 $X = \{都市\}$ とすると，組 ("S1", "山田", "京都", 19) と別の組 ("S4", "武田", "京都", 18) は X の属性値が一致する.したがって，属性集合 $\{都市\}$ はキーではない.

属性集合 $X = \{学生番号, 学生名\}$ の場合は，図 2.2 のどの組を考えても，X のすべての属性の属性値が一致するような他の組は存在しないことがわかる.例えば，組が ("S4", "武田", "京都", 18) を考えると，学生番号が "S4" で学生名が "武田" である別の組は存在しない.しかも，このことは，関係にどのような更新が行われても必ず成立する.

したがって，属性集合 $\{学生番号, 学生名\}$ は，定義 2.1.4 の条件 (i) を満足する.しかし，$\{学生番号, 学生名\}$ の真部分集合である $\{学生番号\}$ も条件 (i) を満足するため，$\{学生番号, 学生名\}$ は，条件 (ii) を満足しない.したがって，$\{学生番号, 学生名\}$ は，キーではない.

このように，属性集合がキーであるためには，条件 (i) の一意性のみならず，その属性集合から 1 つでも属性を取り除くと，もはや条件 (i) は成立しなくなるという集合としての極小性（条件 (ii)）も満たしていなければならない.

例 2.1.1 の一貫性制約 σ_1 は，属性集合 $\{学生番号\}$ が関係スキーマ**学生**のキーであることを意味している.

ここで重要なことは，キーはインスタンスに対してではなく，スキーマに対して設定されることである.すなわち，図 2.2 の関係

2.1 関係データモデル

「学生」の場合は，属性集合 {学生名} や {年齢} もキーの定義を満足しているようにみえるが，これはたまたま現在のインスタンスの内容がそうなっているだけであると考えられる．

すなわち，データベースの内容は更新操作によって時々刻々変化するものであり，例えば新たな学生の組として

$$(\text{“S6”}, \text{“山田”}, \text{“大阪”}, 18)$$

が追加された場合は，最初はキーであるかのようにみえた属性集合 {学生名} や {年齢} は，実際にはキーでないことが明らかになる．それに対し，属性集合 {学生番号} の場合はどのようにデータベースが更新されてもキーとしての性質は失われない．

一般には，1 つの関係にキーが複数個存在する場合もある．その場合，キーになりうる属性集合をすべて**候補キー**[*1] と呼ぶ．通常，スキーマ設計者によって候補キーのうち 1 つが**主キー**[*2] として選ばれ，残りのキーは**代替キー**[*3] と呼ばれる．例えば

*1 candidate key

*2 primary key

*3 alternate key

$$\text{学生} (\text{学生番号}, \text{マイナンバー}, \text{学生名}, \text{都市}, \text{年齢})$$

という関係スキーマにおいて，属性集合 {学生番号} と属性集合 {マイナンバー} はいずれも候補キーである．この場合，スキーマ設計者によって属性集合 {学生番号} が主キーとして選ばれ，属性集合 {マイナンバー} が代替キーになるかもしれない[*4]．

*4 もちろん，スキーマ設計者は，逆に属性集合 {マイナンバー} を主キーとして選んでもよい．

主キー以外の一貫性制約には特に注目しない場合には，関係スキーマは，主キーを構成する属性に下線を引き，一般に

$$\boldsymbol{R}(\underline{A_1, A_2, \ldots, A_k}, A_{k+1}, \ldots, A_n)$$

のように表す．ただし，ここで $\boldsymbol{R}$ は関係スキーマ名，$A_1, A_2, \ldots, A_n$ は属性名とする．下線が引いてある属性の集合 $\{A_1, A_2, \ldots, A_k\}$ は，主キーであることを表す．例えば，例 2.1.1 の関係スキーマは，

$$\text{学生} (\underline{\text{学生番号}}, \text{学生名}, \text{都市}, \text{年齢})$$

のように表すことができる．

(iv) 関係スキーマとインスタンスの例

例 **2.1.2**　　　別の関係スキーマとして

$$(\textbf{成績}\,(学生番号,\,科目番号,\,点数),\Sigma(\textbf{成績}))$$

を考える．ここで $\Sigma(\textbf{成績})$ は，次のような一貫性制約を含むものとする．

σ_6: 　属性集合 $\{$学生番号, 科目番号$\}$ が主キーである．
σ_7: 　$dom(学生番号) = \text{String}$
σ_8: 　$dom(科目番号) = \text{String}$
σ_9: 　$dom(点数) = \text{Integer}$

　この関係スキーマのインスタンスは，どの学生がどの科目を履修し，何点をとったかという情報を表す．図 2.7 の関係は，この関係スキーマのあるインスタンスである．

成績

学生番号	科目番号	点数
S1	J1	75
S1	J2	60
S2	J2	50
S3	J3	90
S3	J4	70
S3	J6	65
S4	J1	50
S4	J2	80
S4	J4	55
S4	J5	75
S4	J6	80

図 2.7　関係スキーマ成績のあるインスタンス

　関係スキーマ**成績**の場合は，1 人の学生は複数の科目を履修することができ，また 1 つの科目は複数の学生が履修していると考えると，あるインスタンスが与えられたときに，学生番号を 1 つ決めても組が 1 つ決まるとは限らず，同様に科目番号を 1 つ決めても組は1 つには決まらない．

この関係スキーマでは，学生番号の値と科目番号の値をそれぞれ1つ決めることにより組が一意に決まるため，キーは {学生番号, 科目番号} となる．

ただし，この場合，「1人の学生のある1つの科目の点数は1つしか存在しない」という仮定を設けている．　　　　　　　□

例 2.1.3　　　　さらに別の関係スキーマとして

(**科目** (科目番号，科目名，先生，単位数), Σ(**科目**))

を考える．この関係スキーマのインスタンスは各科目の詳細情報を与える．Σ(**科目**) は，次のような一貫性制約を含むものとする．

σ_{10}:　属性集合 {科目番号} が主キーである．
σ_{11}:　dom(科目番号) = String
σ_{12}:　dom(科目名) = String
σ_{13}:　dom(先生) = String
σ_{14}:　dom(単位数) = Integer

図 2.8 の関係は，この関係スキーマのある1つのインスタンスである．

科目

科目番号	科目名	先生	単位数
J1	データベース	田中	4
J2	計算理論	佐藤	2
J3	ハードウェア	小林	6
J4	データベース	大野	4
J5	OS	斎藤	5
J6	人工知能	田中	3

図 2.8　関係スキーマ科目のあるインスタンス

　　　　　　　　　　　　　　　　　　　　　　　　　　　□

(v) 関係内参照制約

別の一貫性制約としては **関係内参照制約** がある．これは，関係のある属性（集合）の値は，必ずその関係の主キーの値として現れていなければならないことを表す．

第 2 章　関係データベース

*1　便宜上, 社長の上司は社長自身としている.

例 2.1.4　　図 2.9 の関係はある会社の従業員とその上司に関するデータを表す*1. この関係の関係スキーマの主キーは {従業員 ID} とする. この関係スキーマでは, 属性「上司 ID」は, 従業員の上司の従業員 ID を表す. 従業員の上司もその会社の従業員でなければならないため,「上司 ID」に現れる値は必ず主キー「従業員 ID」に現れなければならない. このような一貫性制約を関係内参照制約と呼び,

$$\textbf{管理階層}.上司 ID \subseteq \textbf{管理階層}.従業員 ID$$

*2　関係内参照制約を一般化した参照制約の定義および記法は, 定義 2.1.5 (41 ページ) で正式に定義する.

のように表す*2.

管理階層

従業員 ID	従業員名	役職	上司 ID
E1	平野	社員	E3
E2	平川	社員	E3
E3	仲間	課長	E4
E4	菅野	部長	E5
E5	上野	社長	E5

図 2.9　関係内参照制約の例

この関係スキーマは, 以下のように定義できる.

(**管理階層** (従業員 ID, 従業員名, 役職, 上司 ID), $\Sigma($**管理階層**$)$)

$\Sigma($**管理階層**$)$ は, 次のような一貫性制約を含むものとする. ここで, σ_{20} は関係内参照制約である.

$\sigma_{15}:$　属性集合 {従業員 ID} が主キーである.
$\sigma_{16}:$　$dom(従業員 ID) = String$
$\sigma_{17}:$　$dom(従業員名) = String$
$\sigma_{18}:$　$dom(役職) = String$
$\sigma_{19}:$　$dom(上司 ID) = String$
$\sigma_{20}:$　**管理階層**.上司 ID $\subseteq$ **管理階層**.従業員 ID

□

2.1 関係データモデル

*1 実際のデータ
ベースでは表の数が
100個以上の場合も
めずらしくない.

*2 relational
database

*3 relational
database schema

*4 referential
integrity

▊ 3. 関係データベース

関係データモデルでは,通常1つの関係ですべてのデータを記録することはなく,複数個の関係によってデータを表現する*1. **関係データベース***2 とは,関係の集合のことである.例えば,図 2.2,図 2.7,図 2.8 に示した3つの関係からなる集合は,ある大学における学生,学生の成績,科目に関するデータを格納した関係データベースの例を示す.

関係に対して,その入れ物としての概念である関係スキーマがあったように,関係データベースに対しても同様に,**関係データベーススキーマ***3 という概念が存在する.関係データベーススキーマは,関係スキーマの集合,およびそれらの間の参照制約からなる.

参照制約

参照制約*4 は,例 2.1.4 の関係内参照制約を2つの異なる関係の間の参照の場合も含むように一般化した制約である.

例えば,関係スキーマ**成績**の属性集合 {学生番号} の値は,学生として登録されている学生番号の値でなければならず,したがって,関係スキーマ**学生**の主キー {学生番号} に現れている必要がある.実際に,**成績**のインスタンスである図 2.7 の関係の属性集合 {学生番号} に現れる値(それらの集合は,{"S1", "S2", "S3", "S4"})は,必ず**学生**のインスタンスである図 2.2 の関係のキー {学生番号} の値(それらの集合は,{"S1", "S2", "S3", "S4", "S5"})として現れている.もし,"S6" のように関係「学生」の属性集合 {学生番号} に現れていない値が関係「成績」の属性集合 {学生番号} に現れていた場合は,"S6" という学生がどのような学生かわからず成績を登録することになり不自然である.参照制約はそのようなことを防ぐための一貫性制約である.参照制約は次のように定義される.

定義 2.1.5 (参照制約と外部キー) 関係スキーマ R_1, R_2 があり,$F_1(\in att(R_1))$ を R_1 のある1つの属性とし,R_2 のある

41

第2章　関係データベース

*1 ここでは簡単のため，K_2 は単一の属性からなると仮定している．この定義は K_2 が二つ以上の属性を含む属性集合の場合にも容易に拡張できる．

*2 referential constraint

*3 参照の完全性*4 ともいう．

*4 referential integrity

*5 foreign key

キーは単一の属性 K_2 からなるとする*1．このとき，**参照制約***2*3 は，「R_1 のインスタンスの組の F_1 の値は R_2 のインスタンスのいずれかの組の K_2 の値と一致しなければならない」という一貫性制約である．

　ここで，R_1 と R_2 は必ずしも異なる必要はない．

　この一貫性制約を

$$R_1.F_1 \subseteq R_2.K_2$$

のように表すことにする．このとき，F_1 を，R_2（の K_2）を参照する**外部キー***5 と呼ぶ．　　　　　　　　　　　　　　□

　例えば，関係スキーマ**成績**の場合は，参照制約

$$\textbf{成績}.学生番号 \subseteq \textbf{学生}.学生番号$$

が成立し，属性集合 {学生番号} は，関係スキーマ**学生**（の {学生番号}）を参照する外部キーである．関係「成績」の組はその外部キーの値によって関係「学生」の組を意味的に参照しているとみなすことができる．

　外部キーの定義において R_1 と R_2 が一致する場合は，関係スキーマ R_1（または等価的に R_2）の関係内参照制約となる．例 2.1.4 にあった図 2.9 の関係は，このように参照制約の定義において R_1 と R_2 が一致する場合の例であり，この関係スキーマでは，属性「上司 ID」は，同じ関係スキーマの主キー「従業員 ID」を参照する外部キー*6 である．

*6 外部キーという用語は，R_1 と R_2 が異なる関係スキーマの場合，R_2 のキーである K_2 の値の一部が R_2 の外部である R_1 の属性 F_1 にも現れることからつけられた．このように，R_1 と R_2 が同一の場合も，外部キーという用語が使われる．

　次に関係データベーススキーマの定義を与える．

定義 2.1.6　**関係データベーススキーマ**は，関係データベーススキーマ名 **D**，$n(\geq 1)$ 個の関係スキーマの集合 $\{R_1, R_2, \ldots, R_n\}$，$m(\geq 0)$ 個の参照制約の集合 $\{\gamma_1, \gamma_2, \ldots, \gamma_m\}$ からなる．本書ではそれを

$$(\mathbf{D}(R_1, R_2, \ldots, R_n), \{\gamma_1, \gamma_2, \ldots, \gamma_m\})$$

のように表現する．　　　　　　　　　　　　　　　　　□

例 2.1.5　　これまでに，次の 3 つの関係スキーマを説明した．

(**学生** (学生番号, 学生名, 都市, 年齢), Σ(**学生**))
(**成績** (学生番号, 科目番号, 点数), Σ(**成績**))
(**科目** (科目番号, 科目名, 先生, 単位数), Σ(**科目**))

これらの間には，次の 2 つの参照制約があるとする．

$$\gamma_1 : \quad \textbf{成績}.学生番号 \subseteq \textbf{学生}.学生番号$$
$$\gamma_2 : \quad \textbf{成績}.科目番号 \subseteq \textbf{科目}.科目番号$$

この関係データベーススキーマは

$$(\textbf{大学} (\textbf{学生}, \textbf{成績}, \textbf{科目}), \{\gamma_1, \gamma_2\})$$

のように表すことができる． □

定義 2.1.7 関係データベーススキーマ

$$(\mathbf{D}(\boldsymbol{R_1}, \boldsymbol{R_2}, \ldots, \boldsymbol{R_n}), \{\gamma_1, \gamma_2, \ldots, \gamma_m\})$$

と関係の組 $\mathbf{I} = (I_1, I_2, \ldots, I_n)$ を考える．$\mathbf{I}$ が次の 2 つの条件をともに満足するならば，またそのときに限り，$\mathbf{I}$ は関係データベーススキーマ $\mathbf{D}$ の**データベース**または**データベースインスタンス**であるという．

*1 定義 2.1.3
(34 ページ) 参照.

(1) I_i は $\boldsymbol{R_i}$ のインスタンスである[*1] $(i = 1, 2, \ldots, n)$.
(2) $I_1, I_2, \ldots, I_n$ は，$\gamma_1, \gamma_2, \ldots, \gamma_m$ のすべての参照制約を満足する．

□

例 2.1.6 3 つの関係「学生」(図 2.2)，「成績」(図 2.7)，「科目」(図 2.8) の組

$$\mathbf{I} = (学生, 成績, 科目)$$

は，例 2.1.5 の関係データベーススキーマ

$$(\textbf{大学} (\textbf{学生}, \textbf{成績}, \textbf{科目}), \{\gamma_1, \gamma_2\})$$

のデータベースインスタンスである． □

第 2 章　関係データベース

　データベースの内容は時間とともに更新され変化する．1 つの関係スキーマに対するインスタンスが多数存在したように，1 つの関係データベーススキーマに対するデータベースインスタンスも多数存在する．

┃ 4.　ビュー

　定義 2.1.6 (42 ページ) で定義した関係データベーススキーマは，1.6 節 (13 ページ) で説明した概念スキーマに相当する．実際に関係データベースを使う場合は，多くの場合，**ビュー**を定義する．

　例えば，学生「小島」が検索対象にできるデータは，概念スキーマ全体ではなく，小島が履修している科目に関する図 2.10(a) のビュー「小島履修状況」とし，先生「田中」が操作対象とするデータは，先生「田中」が教えている科目に関する図 2.10(b) のビュー「J1 成績」「J6 成績」とすることなどが考えられる．

*1　3.5 節 (72 ページ) および 4.5 節 (99 ページ) 参照

*2　base relation

*3　base table

　関係データベースにおいてビューは問合せを用いて定義される*1．また，ビューとしての関係と対比する場合は，概念スキーマの関係を **基底関係***2 または **基底表***3 と呼ぶ．

小島履修状況

科目番号	科目名	先生	単位数	点数
J3	ハードウェア	小林	6	90
J4	データベース	大野	4	70
J6	人工知能	田中	3	65

(a) 学生「小島」のビュー

J1 成績

学生番号	学生名	点数
S1	山田	75
S4	武田	50

J6 成績

学生番号	学生名	点数
S3	小島	65
S4	武田	80

(b) 先生「田中」のビュー

図 2.10　ビューとしての関係

2.2　非正規関係

*1　atomic value

　通常の関係データモデルでは，定義域の要素は**原子値**[*1] であると仮定される．原子値とは文字列，整数，実数などデータの基本単位であり，それ以上分解すると意味が失われるような値のことをいう．このように定義域に原子値のみを許すような関係は，**正規化**されている[*2]，あるいは**正規形**[*3] であるという．

*2　normalized
*3　normal form

*4　first normal form; 1NF

　後述のように正規形にはいくつかの種類があるため，それらと区別する必要がある場合には，ここで定義した正規形のことを**第1正規形**[*4] と呼ぶ[*5]．

*5　5.2節で説明するように第2正規形，第3正規形，第4正規形，第5正規形なども存在する．

　これに対して原子値以外の値とは組，集合，リスト，関係などの構造をもつ値のことであり，定義域に原子値以外の値を許す関係は**非正規関係**[*6] と呼ばれる．

*6　unnormalized relation または は non first normal form relation

　図2.11 は非正規関係の例である．この関係では，属性「学生名」の値は関係，「電話番号」の値は集合であり，いずれも原子値ではない．非正規関係は，実世界の複雑なデータ構造を直接的に表現できるという利点をもつが，反面，データ操作言語が複雑になるという問題点がある．

学生番号	学生名		電話番号
S1	姓 山田	名 太郎	{123–456–7890, 234–567–8901}
S2	姓 鈴木	名 次郎	{345–678–9012}

図 2.11　非正規関係の例

第2章　関係データベース

●本章のおわりに●

　関係データモデルの理論は，1969 年に集合と写像の概念に基づいて
提案され，その後，実装され，システムとしてさまざまな改良を重ねて
いった．新たな概念が次々と生まれる IT の世界にあっても，いまなお
中心的なデータモデルとして実際に使われていることは驚嘆に値する．
　関係データモデル以外にも多くのデータモデルが提案され続けてい
るが，それらのデータモデルを説明するときに関係データモデルと比
較した場合の相違を論じることが多い．
　このことは，関係データモデルが中心的な位置を占めており，他の
データモデルを理解するうえの基礎としても重要であることを表して
いる．多次元データモデルやキーバリューモデルなど，用途に応じて
他のデータモデルも併用されているが，すでに関係データベースを利
用した膨大なソフトウェア資産が存在し，予想可能な範囲の将来にお
いて，関係モデルが完全に他のデータモデルにその地位を譲ることは
考えがたい．

演 習 問 題

問 1　第 1 章に登場した Amatoku の業務のために必要なデータの一
　　　部を，関係データベーススキーマを用いて表現せよ．
　　　　作成した関係データベーススキーマに対する説明を加えるとと
　　　もに，その関係データベーススキーマを設計するうえでの設計意
　　　図や工夫した点，難しかった点などを説明せよ．

第3章

関 係 代 数

*1 relational
algebra

　利用者が関係データベースからある条件を満足するデータを検索
したり，データベースの内容を更新したりするためのデータ操作体
系の基礎として，**関係代数**[1] がある．関係代数は，関係を対象と
して考え出されたいくつかの演算からなる代数系である．

　代数系の例として実数を対象とした四則演算（加減乗除）の構造
を考えよう．例えば，加算演算は2つの実数 a, b を対象に定義さ
れ，その演算結果 $a + b$ は1つの実数となる．このことは減算，乗
算，除算でも同様である．したがって，演算結果とさらに別の実数
を対象として新たな演算を適用することができ，その結果もまた実
数となる．例えば，$a + b$ と別の実数 c を対象として乗算を適用し
た結果 $(a + b) \times c$ も実数である．このように実数に演算を順に適
用することにより，任意に複雑な四則演算式をつくれる．

*2 relational
operator

*3 より正式には
関係代数演算[4]

*4 relational al-
gebraic operator

　関係代数を構成する演算を**関係演算**[2][3] と呼ぶ．関係演算は，
1つまたは2つの関係を演算対象とし，演算結果は1つの関係とな
る．したがって，実数を対象とした四則演算の場合と同様に，いく
つかの演算を順に適用することにより，任意に複雑な関係代数式を
つくることができ，それにより複雑な問合せを表現できる．

*5 query
language

　関係データベースの問合せを表現する言語を**問合せ言語**[5] と呼
ぶ．第4章で説明する SQL は国際的に標準化された問合せ言語で
あり，実際に関係データベースを操作する場合は SQL を利用する

第3章 関係代数

表 3.1　関係代数演算の分類

	単項演算	二項演算
通常の集合演算	なし	集合和 (∪) 共通集合 (∩) 集合差 (−)
関係データベース 特有の演算	属性名変更 (δ) 選択 (σ) 射影 (π)	直積*1 (×) 結合 (⋈) 自然結合 (⋈) 除算 (÷)

*1　関係代数の直積が通常の集合演算に分類されないのは，30ページのコラムにあるように関係データベースの関係と数学の関係が異なることによる.

ことになるが，SQL を学習する場合も，その基礎となっている関係代数を理解していると見通しがよくなる.

　さらに，本章では，関係代数とは別のデータ操作体系として，論理式を用いる**関係論理***2 についても簡単にふれる.

*2　relational calculus

■ 3.1　関係代数の演算

　関係代数は，基本的に 10 個の演算からなる. そのうち 3 個は単項演算であり，残りの 7 個は二項演算である. これらは通常の集合演算と関係データベースに特有の演算に分かれる. 表 3.1 は，これら 10 個の演算をまとめたものである. かっこの中は対応する演算子記号である*3. 以下にこれらの演算を順に説明する.

*3　結合と自然結合は同じ演算子記号 ⋈ を用いるが，後述するように結合の場合は必ず結合条件式が指定される.

　なお，第 3 章と第 4 章の多くの例では，第 2 章の関係「学生」「成績」「科目」を用いるため，参照に便利なようにこれらを図 3.1 にまとめて再掲する.

▌ 1.　通常の集合演算

　定義 2.1.1 で定義したように，関係は組の集合とみなすことができる. したがって，集合和，共通集合，集合差のような集合演算を適用できる.

学　生

学生番号	学生名	都市	年齢
S1	山田	京都	19
S2	鈴木	大阪	20
S3	小島	奈良	22
S4	武田	京都	18
S5	高木	神戸	21

成　績

学生番号	科目番号	点数
S1	J1	75
S1	J2	60
S2	J2	50
S3	J3	90
S3	J4	70
S3	J6	65
S4	J1	50
S4	J2	80
S4	J4	55
S4	J5	75
S4	J6	80

科　目

科目番号	科目名	先生	単位数
J1	データベース	田中	4
J2	計算理論	佐藤	2
J3	ハードウェア	小林	6
J4	データベース	大野	4
J5	OS	斎藤	5
J6	人工知能	田中	3

図 3.1　3 つの関係「学生」（図 2.2 と同じ），「科目」（図 2.7 と
同じ），「成績」（図 2.8 と同じ）

第 3 章　関 係 代 数

(i) 集合和

*1　union

　　　まず，**集合和**（または，合併）[*1] 演算の具体例をみることにする．

　　例 3.1.1　　　情報科目と数理科目をそれぞれ以下のような関係とする．

情報科目

科目番号	科目名	先生	単位数
J1	データベース	田中	4
J2	計算理論	佐藤	2
J3	ハードウェア	小林	6
J5	OS	斎藤	5
J6	人工知能	田中	3

数理科目

科目番号	科目名	先生	単位数
J2	計算理論	佐藤	2
J4	データベース	大野	4
J6	人工知能	田中	3

　　このとき

$$情報科目 \cup 数理科目 = 科目$$

*2　関係「科目」は
図3.1（49ページ）を
参照.

が成立する[*2]．科目番号が "J2" の行は情報科目と数理科目の両方にあるが，これらの行はいずれも集合和の結果では 1 つにまとめられる．このことは科目番号が "J6" の行も同様である．

　　これは，集合和演算の結果も関係でなければならず，関係は組の集合であることによる[*3]．　　　　　　　　　　　　　　　　　□

*3　集合の要素に
は重複はない.

　　集合和演算は任意の 2 つの関係に適用できるわけではない．例えば，いまの例 3.1.1 の「情報科目」と図 3.1（49 ページ）の「成績」は属性の数も属性名も異なるため集合和を適用することはできない．

　　一般に，集合和を適用することができる 2 つの関係は，**合併可能**[*4] という条件を満足していなければならない．これは，2 つの関係の属性の集合が同じで，しかも同じ属性名の定義域はどちらの関係でも同じであることをいう．上述の「情報科目」と「数理科目」

*4
union compatible

50

3.1 関係代数の演算

は合併可能である．集合和のみならず，後述する共通集合，集合差を適用する場合にも，2 つの関係は合併可能でなければならない．

I, J が合併可能な 2 つの関係のとき，I と J の集合和は，I または J にある組の集合であり，$I \cup J$ で表され，以下のように定義される．

$$I \cup J = \{t \mid (t \in I) \text{ または } (t \in J)\}$$

(ii) 共通集合

*1 intersection

I, J が合併可能な 2 つの関係のとき，I と J の**共通集合**[*1] は，I と J の両方に存在する組の集合であり，$I \cap J$ で表され，以下のように定義される．

$$I \cap J = \{t \mid (t \in I) \text{ かつ } (t \in J)\}$$

例 3.1.2　情報科目と数理科目を例 3.1.1 に示した関係とすると

情報科目 ∩ 数理科目

の結果は次の関係となる．

科目番号	科目名	先生	単位数
J2	計算理論	佐藤	2
J6	人工知能	田中	3

□

(iii) 集合差

*2 set difference

I, J が合併可能な 2 つの関係のとき，I と J の**集合差**[*2] は，I には存在するが J には存在しない組の集合であり，$I - J$ で表され，以下のように定義される．

$$I - J = \{t \mid (t \in I) \text{ かつ } (t \notin J)\}$$

一般に，$I - J \neq J - I$ であることに注意を要する．

51

第 3 章　関 係 代 数

例 **3.1.3**　　情報科目と数理科目を 50 ページの例 3.1.1 に示した関係とすると

$$情報科目 - 数理科目$$

の結果は次の関係となる.

科目番号	科目名	先生	単位数
J1	データベース	田中	4
J3	ハードウェア	小林	6
J5	OS	斎藤	5

この結果は

$$数理科目 - 情報科目$$

とは異なる.　　　　　　　　　　　　　　　　　　　　　　　□

▍2.　関係データベース特有の演算

表 3.1 にまとめたように，関係データベース特有の演算は 7 個ある．まず，3 つの単項演算から順にみていくことにする.

(i) 属性名変更

*1 attribute
renaming

属性名変更[1] はその名前のとおり，関係の属性名を変更する．しかし，関係中の値は変更しない．演算子は "δ" を用い，δ の添字として矢印の左側と右側にそれぞれ変更前と変更後の属性名を指定し，その後に対象とする関係名を書く.

例 **3.1.4**　　図 3.1（49 ページ）の関係「科目」に対して属性名変更

$$\delta_{科目番号,\ 先生\to登録番号,\ 担当者}\ 科目$$

を実行した結果は図 3.2 の関係のようになる．この関係は後の例で使うため，「学科目」という名前をつけることにする.

登録番号	科目名	担当者	単位数
J1	データベース	田中	4
J2	計算理論	佐藤	2
J3	ハードウェア	小林	6
J4	データベース	大野	4
J5	OS	斎藤	5
J6	人工知能	田中	3

図 3.2　属性名変更後の関係「学科目」

□

　異なる属性集合上の 2 つの関係であっても，それらの属性どうし
を 1 対 1 で対応付けることができ，しかも対応付けられた属性の定
義域が一致する場合は，一方の関係に対して属性名変更を実行し，
2 つの関係の属性名集合を同じにすることにより，それら 2 つの関
係を合併可能にでき，集合和，共通集合，集合差などの集合演算を
適用できる．

例 3.1.5 　　　例えば，図 3.2 の関係「学科目」と，例 3.1.1 の関
係「情報科目」は合併可能ではないが，後者に属性名変更を適用す
ることにより，集合差を適用でき，その結果は次のようになる．

$$\text{学科目} - \delta_{\text{科目番号, 先生} \to \text{登録番号, 担当者}} \text{情報科目}$$

登録番号	科目名	担当者	単位数
J4	データベース	大野	4

$=$

□

(ii) 選　択

*1　selection

　選択[*1] 演算は，関係の組集合のうち，与えられた条件を満足す
る組のみからなる部分集合を求める演算である．すなわち直観的に
は，関係の「横切り」を行うことになる．
　選択演算の演算子には σ が使われる．σ の添え字の部分に選択

第3章　関係代数

条件を書き，その後に対象となる関係名を書く．例えば，関係「科目」のうち，科目名がデータベースであるような組のみを残す選択演算は，

$$\sigma_{\text{科目名}=\text{“データベース”}} \text{科目}$$

のように表し，その結果は次の関係となる．

科目番号	科目名	先生	単位数
J1	データベース	田中	4
J4	データベース	大野	4

また，図 3.1 の関係「学生」のうち，神戸に住んでいるか，または年齢が 20 歳未満の組のみを残す選択演算は

$$\sigma_{(\text{都市}=\text{“神戸”})\vee(\text{年齢}<20)} \text{学生}$$

のように記述され，その結果は次の関係となる．

学生番号	学生名	都市	年齢
S1	山田	京都	19
S4	武田	京都	18
S5	高木	神戸	21

さらに，関係「学生」のうち，名前と住んでいる都市名が同じ組のみを残す選択演算は

$$\sigma_{\text{学生名}=\text{都市}} \text{学生}$$

のように記述され，その結果は空集合となる．

選択の条件を表す**選択条件式**は，以下に定義する選択条件節からつくられるブール式[*1] である．

*1 ブール演算記号は，¬，∧，∨を用い，それぞれ否定 (NOT)，連言 (AND)，選言 (OR) を表す．

定義 3.1.1　A, B を $dom(A) = dom(B)$ となる関係 I の属性，$c\ (\in dom(A))$ を定数，また，$\theta (\in \{=, \neq, <, \leq, >, \geq\})$ を比較演算子とするとき

$$A\ \theta\ B$$

または

$$A\ \theta\ c$$

3.1 関係代数の演算

を I の**選択条件節**[*1] という.

*1
selection clause

I を関係，q を I の選択条件式[*2] とするとき，I の q に関する選択は $\sigma_q I$ のように表され，以下のように定義される.

$$\sigma_q I = \{t \mid (t \in I) \text{ かつ } (t \text{ は } q \text{ を満足する}.)\}$$

*2　ここでは，q を選択条件式に限っているが，一般には，q は組に対する述語であればよい.例えば，「科目名を表す文字列が"データ"を含む」などは，組に対する述語の例である.しかし，簡単化のため，この教科書では q を選択条件式に限るものとする.

(iii) 射　影

選択が関係の「横切り」を行うのに対し，**射影**[*3] は直観的には関係の「縦切り」を行う.すなわち，射影は与えられた関係のうち指定された属性集合の値のみを残し，その結果から重複する組を除去する演算である.

*3　projection

射影演算の演算子には "π" が使われる．π の添え字の部分に残したい属性集合を書き，その後に対象となる関係名を書く.

例 3.1.6

図 3.1（49 ページ）において，射影演算 $\pi_{都市}$ 学生 と，$\pi_{科目名,単位数}$ 科目 の結果はそれぞれ図 3.3(a) (b) の関係になる.

都市
京都
大阪
奈良
神戸

（a）$\pi_{都市}$ 学生

科目名	単位数
データベース	4
計算理論	2
ハードウェア	6
OS	5
人工知能	3

（b）$\pi_{科目名,単位数}$ 科目

図 3.3　射影演算の結果

$\pi_{都市}$ 学生 の結果からわかるように，一般に，射影を行うともとの関係よりも組数が少なくなる場合がある.

次に射影の一般的な定義を行う．まず，組の射影を定義し，それをもとに関係の射影を定義する.

55

第 3 章　関 係 代 数

定義 3.1.2　t を関係 I の組，X を I の属性集合の部分集合とするとき（すなわち，$X \subseteq att(I)$），t の X 上への射影は，$\pi_X t$ のように表現され

$$A \in X \text{ であるすべての属性 } A \text{ に対して } v(A) = t(A)$$

となるような X から Dom への写像 v として定義される.　□

　例えば，t を関係「科目」の組（"J1"，"データベース"，"田中"，4）とし，$X = \{$科目名，単位数$\}$ とするならば，$\pi_X t = ($"データベース"，4$)$ となる.

定義 3.1.3　I を関係，X を I の属性集合の部分集合とするとき（すなわち，$X \subseteq att(I)$），I の X 上への射影は，$\pi_X I$ のように表現され，以下のように定義される.

$$\begin{aligned} \pi_X I = \{v \mid &v \text{ は } X \text{ 上の組.} \\ &\text{かつ,} \\ &\text{すべての } A \in X \text{ に対し } v(A) = t(A) \text{ であるような} \\ &t \in I \text{ が存在する.}\} \\ = \{&\pi_X t \mid t \in I\} \end{aligned}$$

□

　例えば図 3.1（49 ページ）の関係「成績」を属性集合 $\{$学生番号，点数$\}$ の上に射影した結果は，図 3.4 の関係となる.

　「射影」という名称は，ある関係にこの演算を適用して得られる結果が，ちょうどある物体に特定の方向から光線を当てたときにできる影に似ていることから名づけられた（図 3.5(a) 参照）. この名称の由来に沿って，ある 3 項関係 $R(A, B, C)$ の 2 項関係への射影演算 $\pi_{A,B} R$ を図に示したものが，図 3.5(b) である.

*1
direct product

*2 デカルト
積*3ともいう.

*3 Cartesian
product

(iv) 直　積

　I と J の**直積***1*2 は，I の組と J の組のすべての組合せから得られる関係である.

56

学生番号	点数
S1	75
S1	60
S2	50
S3	90
S3	70
S3	65
S4	50
S4	80
S4	55
S4	75

図 3.4 射影演算の結果

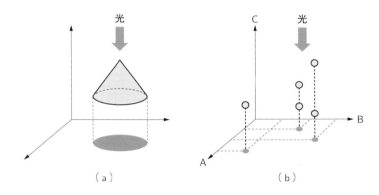

図 3.5 射影の概念

定義 3.1.4 I と J を属性集合が互いに素(すなわち,$att(I) \cap att(J) = \emptyset$)であるような 2 つの関係とするとき,$I$ と J の直積は,$I \times J$ で表される属性集合 $att(I) \cup att(J)$ 上の関係であり,以下のように定義される.

$$\begin{aligned}
& I \times J \\
= \ & \{\, t \mid \text{すべての } A \in att(I) \text{ に対して } t(A) = v(A) \text{ となる} \\
& \quad \text{ような } v \in I \text{ が存在する.} \\
& \quad \text{かつ,} \\
& \quad \text{すべての } B \in att(J) \text{ に対して } t(B) = w(B) \text{ となる} \\
& \quad \text{ような } w \in J \text{ が存在する.}\,\}
\end{aligned}$$

第3章　関係代数

例 3.1.7

学生 × 科目

$=$

学生番号	学生名	都市	年齢	科目番号	科目名	先生	単位数
S1	山田	京都	19	J1	データベース	田中	4
S1	山田	京都	19	J2	計算理論	佐藤	2
S1	山田	京都	19	J3	ハードウェア	小林	6
.	.	.	.	.	.		.
.	.	.	.	.	.		.
.	.	.	.	.	.		.
S5	高木	神戸	21	J5	OS	斎藤	5
S5	高木	神戸	21	J6	人工知能	田中	3

$\Bigg\} 30$

□

*1　したがって、厳密には数学上の集合の直積とは異なる.

　　関係代数演算の直積は交換則が成り立つ. すなわち, $I \times J = J \times I$ である[1].

　　直積は単純な演算であり, この演算自体が単独で問合せとして意味をもつ場合はあまりなく, 通常は他の演算と組み合わせて, 問合せを表現するために用いられる.

(v) 結　合

*2　join

　　結合[2]は, 2つの関係が与えられたときに, 一方の関係の組と他方の関係の組が指定された条件を満足する場合にのみそれらを連結し, 2つの関係の属性集合をすべてもつ組を生成することにより得られる新たな関係を求める演算である. 関係データベースでは, 通常, 複数個の関係に情報が格納されており, 結合はこのような別々の関係に存在する情報を関連付けるための重要な演算である.

　　まず例を与える. 2つの関係「成績」(図 3.1)(49 ページ)と「学科目」(図 3.2)(53 ページ)を, 属性「科目番号」と「登録番号」の値が等しいという条件の下で結合した関係は図 3.6 のようになる.

　　この例では, 2つの関係「成績」と「学科目」の属性集合に共通する属性はない. 結合演算は, このような場合に2つの関係をある条件で関連付けた結果として1つの関係を得る. 関連付けの条件と

学生番号	科目番号	点数	登録番号	科目名	担当者	単位数
S1	J1	75	J1	データベース	田中	4
S1	J2	60	J2	計算理論	佐藤	2
S2	J2	50	J2	計算理論	佐藤	2
S3	J3	90	J3	ハードウェア	小林	6
S3	J4	70	J4	データベース	大野	4
S3	J6	65	J6	人工知能	田中	3
S4	J1	50	J1	データベース	田中	4
S4	J2	80	J2	計算理論	佐藤	2
S4	J4	55	J4	データベース	大野	4
S4	J5	75	J5	OS	斎藤	5
S4	J6	80	J6	人工知能	田中	3

図 3.6　関係「成績」と関係「学科目」の結合例

しては不等号などを含む複雑なものでもよい.

　これに対し, 2 つの表の属性集合に共通する属性がある場合に, それらの値が等しいという条件で関連付けを行う自然結合という演算もある. 本項では結合の説明を行い, 次項 (vi) では自然結合の説明を行う.

　選択演算の場合と同様に, まず**結合条件式**を定義する. 結合の条件を表す結合条件式は, 以下に定義する結合条件節からつくられるブール式である.

定義 3.1.5　A を関係 I のある属性, B を関係 J のある属性とし $dom(A) = dom(B)$ が成立するとする. $\theta (\in \{=, \neq, <, \leq, >, \geq\})$ を比較演算子とするとき,

$$A \; \theta \; B$$

*1　join clause　を I と J の**結合条件節**[*1] という.　　　　□

例 3.1.8

$$科目番号 = 登録番号$$

は関係「成績」と「学科目」の結合条件式である.　　　　□

第 3 章　関 係 代 数

*1　ここでは，q を結合条件式に限っているが，選択条件式の傍注での説明（55ページ）と同様に，一般には，q は 2 つの組（すなわち I の組と J の組）に対する述語であればよい．しかし，議論の簡単化のため，この教科書では q を結合条件式に限るものとする．

定義 3.1.6　I と J を $att(I) \cap att(J) = \emptyset$ であるような 2 つの関係，また q を I と J の結合条件式*1 とするとき，I と J の q のもとでの結合は，$I \bowtie_q J$ で表される属性集合 $att(I) \cup att(J)$ 上の関係であり，以下のように定義される．

$$I \bowtie_q J = \{\, t \mid 以下の条件を満足する組 v(\in I) と組 w(\in J)$$
$$が存在する．$$
$$すべての A \in att(I) に対して t(A) = v(A)$$
$$かつ，$$
$$すべての B \in att(J) に対して t(B) = w(B)$$
$$かつ，$$
$$v と w に対して q は真.\}$$

□

例 **3.1.9**　　図 3.6 の関係は，関係「成績」と「学科目」の結合条件式

$$科目番号 = 登録番号$$

のもとでの結合

$$成績 \bowtie_{科目番号=登録番号} 学科目$$

を行った結果である．

□

例 **3.1.10**　　以下のような，各個人の休暇に関する表と，海外旅行のコースに関する表を考える．

休暇

氏名	期間	予算
A	17	80
B	22	13
C	9	20
D	9	15
E	6	5

コース

名前	日数	費用
ハワイ	9	15
アメリカ	10	30
香港	5	22
ヨーロッパ	20	70
台湾	15	13

このとき，日数が休暇期間とちょうど同じで，費用は予算内に収まるようなコースを求めるためには，結合

$$休暇 \bowtie_{(期間=日数)\wedge(予算\geq費用)} コース$$

を実行し，結果として次の関係を得る．

氏名	期間	予算	名前	日数	費用
C	9	20	ハワイ	9	15
D	9	15	ハワイ	9	15

次に，日数が休暇期間と同じか短く，費用は予算内に収まるような，日数，費用の両方の面で，各個人が参加できるコースは以下の結合演算で求めることができる．

$$休暇 \bowtie_{(期間 \geq 日数) \wedge (予算 \geq 費用)} コース$$

結果は，以下のようになる．

氏名	期間	予算	名前	日数	費用
A	17	80	ハワイ	9	15
A	17	80	アメリカ	10	30
A	17	80	香港	5	22
A	17	80	台湾	15	13
B	22	13	台湾	15	13
C	9	20	ハワイ	9	15
D	9	15	ハワイ	9	15

また，日数は度外視して，費用の面からのみ参加できるコースを求めるためには，結合

$$休暇 \bowtie_{(予算 \geq 費用)} コース$$

を実行し，結果として以下の関係を得る．

氏名	期間	予算	名前	日数	費用
A	17	80	ハワイ	9	15
A	17	80	アメリカ	10	30
A	17	80	香港	5	22
A	17	80	ヨーロッパ	20	70
A	17	80	台湾	15	13
B	22	13	台湾	15	13
C	9	20	ハワイ	9	15
C	9	20	台湾	15	13
D	9	15	ハワイ	9	15
D	9	15	台湾	15	13

第 3 章　関 係 代 数

一般に I と J の結合条件式は，$I \times J$ の選択条件式でもある．
結合は，以下のように直積と選択で表現できる．

$$I \bowtie_q J = \sigma_q(I \times J) \tag{3.1}$$

したがって，結合演算の結果を求める単純な方法としては，まず
2 つの関係の直積を求め，その結果に対して，もとの結合条件式を
そのまま選択条件式として選択演算を行う方法がある．

等結合：　結合条件式 q 中の比較演算子 θ がすべて等号[*1] である
　　　ような結合を**等結合**[*2] と呼ぶ[*3]．

*1　より一般的には，q が $\neg(A_1 \neq A_2)$ のような結合条件式でもよい．すなわち，q が，比較演算子 θ がすべて等号であるような結合条件式と等価であればよい．

*2　equijoin

*3　等結合との対比を明確にする場合には，通常の結合のことを，特に θ 結合（θ-join）と呼ぶこともある．

例 3.1.11

　　　　例 3.1.10 の 2 つの表「休暇」と「コース」を考え
る．各個人の休暇期間，予算が，それぞれコースの日数，費用と一
致するような個人とコースの組合せを求める場合は，等結号

$$休暇 \bowtie_{(期間＝日数)\wedge(予算＝費用)} コース$$

を実行すればよい．結果は，以下のようになる．

氏名	期間	予算	名前	日数	費用
D	9	15	ハワイ	9	15

□

(vi) 自然結合

　定義 3.1.6（60 ページ）にあるように，結合演算は共通の属性を
もたない 2 つの関係にのみ適用できる．しかし，実際には 2 つの
関係に同じ属性があり，それらに同じ意味をもたせる場合が多いた
め，それらの関係を「結合」する要求が多くある．例えば，図 3.1
（49 ページ）の関係「学生」と「成績」には「学生番号」という同
じ属性があり，その値が等しい組どうしを結びつける「結合」演算
を必要とする問合せは多くある．そのような「結合」を実行するた
めには，まず，それら 2 つの関係に共通して現れる属性のうち，一
方の関係に現れるほうを別の名前に属性名の変更をしたうえで定
義 3.1.6 にしたがって結合を行う．例えば，関係「学生」と「成績」

を「学生番号」の値が等しい組どうしで結びつける結合を行うためには

$$学生 \bowtie_{学生番号=学生番号2} (\delta_{学生番号 \to 学生番号2} 成績)$$

を実行すればよい．この結果は，以下の関係となる．

学生番号	学生名	都市	年齢	学生番号2	科目番号	点数
S1	山田	京都	19	S1	J1	75
S1	山田	京都	19	S1	J2	60
S2	鈴木	大阪	20	S2	J2	50
S3	小島	奈良	22	S3	J3	90
S3	小島	奈良	22	S3	J4	70
S3	小島	奈良	22	S3	J6	65
S4	武田	京都	18	S4	J1	50
S4	武田	京都	18	S4	J2	80
S4	武田	京都	18	S4	J4	55
S4	武田	京都	18	S4	J5	75
S4	武田	京都	18	S4	J6	80

この結合の結合条件式は

$$学生番号 = 学生番号2$$

であるため，結果の関係の属性「学生番号」と「学生番号2」の値は当然等しくなり，したがって一方（例えば「学生番号2」）は冗長であり，削除しても問題はない．つまり，結合結果を「学生番号2」以外の属性集合に射影する以下の演算を実行しても問題はない．

$$\pi_{att(学生) \cup att(成績)}$$
$$(学生 \bowtie_{学生番号=学生番号2} (\delta_{学生番号 \to 学生番号2} 成績)) \quad (3.2)$$

この結果，図 3.7 の関係を得る．

*1 　natural join 　**自然結合**[*1] は，このように 2 つの関係の等しい属性名の等しい値どうしを結び付けることによって，もとの 2 つの関係の属性集合をすべてもつような関係を求める演算である．図 3.7 の関係は，関係「学生」と関係「成績」の自然結合

第3章 関係代数

学生番号	学生名	都市	年齢	科目番号	点数
S1	山田	京都	19	J1	75
S1	山田	京都	19	J2	60
S2	鈴木	大阪	20	J2	50
S3	小島	奈良	22	J3	90
S3	小島	奈良	22	J4	70
S3	小島	奈良	22	J6	65
S4	武田	京都	18	J1	50
S4	武田	京都	18	J2	80
S4	武田	京都	18	J4	55
S4	武田	京都	18	J5	75
S4	武田	京都	18	J6	80

図 3.7　自然結合の結果

$$\text{学生} \bowtie \text{成績} \tag{3.3}$$

の実行結果である．すなわち，式 (3.2) と式 (3.3) は等価である．

　自然結合は，直観的には，2 つの関係の同じ名前の属性どうしを
等号により比較することによって等結合を行い，さらにその結果の
関係から重複する列（属性）を除去する演算である．問合せにおい
て，このように同じ属性名どうしで表を結びつけることは多く，非
常によく使われる演算である．

定義 3.1.7　I を $(att(I), dom_1)$ 上の関係，J を $(att(J), dom_2)$ 上
の関係とする．

　各属性 $A \in (att(I) \cap att(J))$ に対して $dom_1(A) = dom_2(A)$ が
成立するとき，I と J の自然結合は，$I \bowtie J$ で表され，以下のよう
に定義される属性集合 $att(I) \cup att(J)$ 上の関係である．

$$I \bowtie J = \{\, t \mid \text{以下の条件を満足する組 } v(\in I) \text{ と組 } w(\in J)$$
　　　　　　　　　が存在する．
　　　　　　　　　すべての $A \in att(I)$ に対して $t(A) = v(A)$
　　　　　　　　　かつ，
　　　　　　　　　すべての $B \in att(J)$ に対して $t(B) = w(B)\}$

□

64

定義 3.1.7 は定義 3.1.4 と似ているが，定義 3.1.4 には，I と J の属性集合が互いに素であるという条件が付いていることに注意されたい．実際，I と J の属性集合が互いに素のとき，$I \bowtie J$ は $I \times J$ と等価である．

式 (3.2) と式 (3.3) が等価であったように，自然結合は，通常の結合と属性名変更および射影の組合せで定義することができる．I と J を

$$att(I) \cap att(J) = V(\neq \emptyset)$$

なる 2 つの関係とする．

$V = \{A_1, A_2, \ldots, A_k\}$ とし，$V' = \{A'_1, A'_2, \ldots, A'_k\}$ を

$$V' \cap (att(I) \cup att(J)) = \emptyset$$

なる属性集合とする．このとき，以下の式が成立する．

$$I \bowtie J = \pi_{att(I) \cup att(J)}(I \bowtie_{(A_1 = A'_1) \wedge (A_2 = A'_2) \wedge \cdots \wedge (A_k = A'_k)}$$
$$(\delta_{A_1, A_2, \ldots, A_k \to A'_1, A'_2, \ldots, A'_k} J)) \quad (3.4)$$

例 **3.1.12**　　　例 3.1.11 の等結号

$$\text{休暇} \bowtie_{(\text{期間}=\text{日数}) \wedge (\text{予算}=\text{費用})} \text{コース}$$

の結果の日数，費用はそれぞれ期間，予算と値が同じため，冗長である．

この冗長性を除くためには，結果に射影演算を適用し，日数，費用を削除してもよい．

別の方法としては，あらかじめ日数，費用をそれぞれ期間，予算に属性名変更しておいてから，自然結合を適用する方法もある．すなわち，

$$\text{休暇} \bowtie (\delta_{\text{日数, 費用} \to \text{期間, 予算}} \text{コース})$$

を実行してもよい．　　　　　　　　　　　　　　　　　　　　□

(vii) 除　算

除算[*1] を用いると，「すべての○○を××する」や「○○をすべて××する」という，条件をもつ問合せを表現できる．まず，具体

*1　division

例をみることにする．

例 3.1.13　「合格科目」と「必修科目」という，2 つの関係を考える．

合格科目	
名前	科目名
ハリー	変身術
ハリー	占い学
ハリー	魔法史
ロン	変身術

必修科目
科目名
変身術
魔法史

「合格科目」は，学生がどの科目に合格したかを記録している．このとき，必修科目すべてに合格した学生の名前を求める場合は，「合格科目」の「必修科目」による除算

$$合格科目 \div 必修科目$$

を行えばよい．この演算の答えは，下の表となる．

除算の考え方をこの例を用いて説明する．「合格科目」の名前ごとに対応する科目名の集合を考えると，"ハリー" には科目名集合 {変身術, 占い学, 魔法史} が対応し，"ロン" には科目名集合 {変身術} が対応する．「合格科目 ÷ 必修科目」という演算は，それぞれの学生の名前に対応する科目名集合が「必修科目」にある科目名の集合を包含している場合には，その名前を結果の関係に残す，という演算である．

「必修科目」にある科目名の集合は {変身術, 魔法史} であり，

- "ハリー" の場合は，対応する科目名集合 {変身術, 占い学, 魔法史} が集合 {変身術, 魔法史} を包含する．
- "ロン" の場合は，対応する科目名集合 {変身術} が集合 {変

身術, 魔法史} を包含しない.

したがって，"ハリー" だけが演算結果に残ることになる.　　□

　上の例で，さらに「学生名簿」という，次のような関係を考えよう.

学生名簿

名前
ハリー
ロン

　このとき，

$$(\text{学生名簿} \times \text{必修科目}) \div \text{必修科目} = \text{学生名簿}$$

が成立する.
　一般には，属性集合が互いに素である 2 つの関係 I, J に対し，

$$(I \times J) \div J = I$$

が成立する. この演算が除算と呼ばれる理由はこのことによる.
　次に，除算の一般的な定義を与える.

定義 3.1.8　I を (U_1, dom_1) 上の関係，J を (U_2, dom_2) 上の関係とする.
　$U_2 \subseteq U_1$ が成立し，任意の属性 $A \in U_2$ に対し $dom_1(A) = dom_2(A)$, かつ $J \neq \emptyset$ が成立するとき，I の J による除算は，$I \div J$ で表される.
　その結果は属性集合 $U_1 - U_2$ 上の関係であり，以下のように定義される.

$$
\begin{aligned}
& I \div J \\
= \ & \{\, t \mid \ (t \in \pi_{U_1 - U_2} I) \\
& \qquad \text{かつ}, \\
& \qquad (\text{任意の } s(\in J) \text{ に対し}, (\pi_{U_1 - U_2} r = t) \\
& \qquad \text{かつ } (\pi_{U_2} r = s)) \text{ なる組 } r(\in I) \text{ が存在する.} \,)\}
\end{aligned}
$$

これはまた等価的に以下のように定義することも可能である．
$$I \div J = \{t \mid (t \in \pi_{U_1 - U_2} I) \text{ かつ } ({\{t\}} \times J \subseteq I)\}$$

□

除算は，射影，直積，差演算の組合せで表現することができる[*1]．

*1 本章末の演習問題の問4参照．

3.2 最小限必要な関係代数演算

以上述べた関係代数演算のうちいくつかのものは，他の演算の組合せで表現できる．集合和，集合差，属性名変更，選択，射影，結合の6つの演算を組み合わせることにより，他の演算はすべて表現でき，しかもこれらの演算のどの1つも他の5つの演算の組合せでは表現できないことが知られている．

同じことは，集合和，集合差，属性名変更，選択，射影，直積の6つの演算に関してもいえる．したがって，関係代数演算のうち，これら6つの演算が最小限必要なものである[*2]．

*2 本章末の演習問題の問4参照．

図3.8には関係演算の相互関係を表す．この図において，矢印は，ある関係演算が他の関係演算の組合せで表現できることを表す．

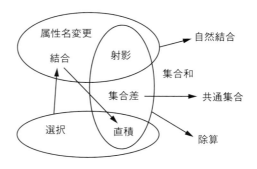

図 3.8　関係演算の相互関係

3.3 関係代数式

■ 3.3 関係代数式

*1 relational
algebraic
expression

　関係代数演算子を組み合わせてできる式を**関係代数式**[1] と呼ぶ.
関係代数式において，演算の適用順序を明確にするためにかっこが
用いられる．これ以降は式を簡潔にするために，単項演算が二項演
算よりも適用の優先度が高いものとする．また，あいまい性が生じ
ない場合はかっこを省略する．

　例 3.3.1 （関係代数式を用いた問合せの表現例）

　以下に例 2.1.5 （42 ページ）の関係データベーススキーマ上の問
合せを関係代数式で表現した例を示す．

　ここで注意が必要なことは，1 つの問合せは一般に複数通りの関
係代数式で表現することができる点である．

　ここにあげたものはあくまで例であり，同じ問合せをさらに別の
関係代数式で表現することも可能である．

（a）田中先生が教えている科目の科目名を求めよ．

$$\pi_{\text{科目名}}(\sigma_{\text{先生}=\text{“田中”}}\text{科目})$$

（b）20 歳未満の学生が履修している科目の科目番号を求めよ．

$$\pi_{\text{科目番号}}((\sigma_{\text{年齢}<20}\text{学生}) \bowtie \text{成績}) \tag{3.5}$$

*2 　3 つの関係「学
生」「成績」「科目」
（図 3.1（49 ページ）
に再掲）からなる.

例 2.1.6 （43 ページ）の関係データベース[2] を考える．上の
関係代数式をこの関係データベースに適用したときに答えが
得られる過程をみることにする．まず

$$\sigma_{\text{年齢}<20}\text{学生}$$

の結果は，次の関係になる．これは年齢が 20 歳未満の学生
を求めている．

学生番号	学生名	都市	年齢
S1	山田	京都	19
S4	武田	京都	18

69

次に

$$(\sigma_{\text{年齢}<20} \text{ 学生}) \bowtie \text{成績}$$

の結果は，上の関係と関係「成績」の自然結合を行ったものであり，次の関係表になる．

学生番号	学生名	都市	年齢	科目番号	点数
S1	山田	京都	19	J1	75
S1	山田	京都	19	J2	60
S4	武田	京都	18	J1	50
S4	武田	京都	18	J2	80
S4	武田	京都	18	J4	55
S4	武田	京都	18	J5	75
S4	武田	京都	18	J6	80

　最後に，もとの関係代数式である式 (3.5) は，この関係を属性「科目番号」上に射影したものである．したがって次の関係表になる．

科目番号
J1
J2
J4
J5
J6

　これが，答えとして最終的に得られる関係表である．
　この問合せは，次のような別の関係代数式としても表現できる．

$$\pi_{\text{科目番号}}(\sigma_{\text{年齢}<20}(\text{学生} \bowtie \text{成績})) \tag{3.6}$$

この関係代数式についても，同様に答えが得られる過程を追っていく．まず

$$\text{学生} \bowtie \text{成績}$$

の結果は，図 3.7（64 ページ）の関係表になる．次に

$$(\sigma_{\text{年齢}<20}(\text{学生} \bowtie \text{成績}))$$

の結果は，最初の関係代数式である式 (3.5) の途中過程の式 $(\sigma_{\text{年齢}<20}\text{学生}) \bowtie \text{成績}$ の結果と同じになる.

したがって，これ以降は最初の関係代数式である式 (3.5) の答えが得られる過程と同じになり，最終結果も同じである.

(c) 佐藤先生が教えている科目を履修している学生の名前と点数を求めよ.

$$\pi_{\text{学生名, 点数}}(\text{学生} \bowtie \text{成績} \bowtie (\sigma_{\text{先生}=\text{“佐藤”}}\text{科目}))$$

または

$$\pi_{\text{学生名, 点数}}(\sigma_{\text{先生}=\text{“佐藤”}}(\text{学生} \bowtie \text{成績} \bowtie \text{科目}))$$

(d) 田中先生が教えていない科目の科目番号を求めよ.

$$\pi_{\text{科目番号}}(\text{科目} - (\sigma_{\text{先生}=\text{“田中”}}\text{科目}))$$

または

$$\pi_{\text{科目番号}}(\sigma_{\text{先生} \neq \text{“田中”}}\text{科目})$$

(e) 田中先生が教えているすべての科目を履修している学生の学生番号を求めよ.

$$(\pi_{\text{学生番号, 科目番号}}\text{成績}) \div (\pi_{\text{科目番号}}(\sigma_{\text{先生}=\text{“田中”}}\text{科目}))$$

□

3.4 等価な関係代数式

自然結合や直積は交換則や結合則を満たす. すなわち，I, J, K を関係とするとき

$$I \bowtie J = J \bowtie I \quad \text{や} \quad (I \bowtie J) \bowtie K = I \bowtie (J \bowtie K)$$

が成立し，また，I, J, K の属性集合が互いに素であれば

第3章 関係代数

$$I \times J = J \times I \quad や \quad (I \times J) \times K = I \times (J \times K)$$

が成立する．また，これまでの説明中にもあったように，ある演算を他の演算の組合せで表現できる場合がある．

例えば，式 (3.1)（62 ページ），式 (3.4)（65 ページ）などはその例である．

一般に，ある関係データベーススキーマ上の 2 つの問合せは，そのスキーマのどのようなインスタンスに対しても同じ結果を与えるとき，**等価**[*1] であるという．例 3.3.1 でみたように，1 つの問合せは，一般に複数通りの等価な関係代数式で表現することが可能である．

*1 equivalent

■ 3.5 問合せによるビューの定義

関係データベースにおいて，**ビュー**は問合せを用いて定義される．例えば，図 2.10 に示したビュー「小島履修状況」を定義する関係代数式は

$$\pi_{\text{科目番号, 科目名, 先生, 単位数, 点数}} \\ (\sigma_{\text{学生名}=\text{``小島''}} \ 学生 \bowtie 成績 \bowtie 科目) \tag{3.7}$$

となる．つまり，ビューの実体はそのビューを定義する問合せの結果である．しかし，そのような問合せ結果を物理的に格納すると，そのための記憶領域が必要となり，しかも（学生，成績，科目など）もとの関係の内容が更新された場合にはビューの実体の更新も必要となり，手間がかかる．そのため，通常，ビューは物理的な実体をもたず，ビュー定義だけが保存されている仮想的な関係として扱われる．そのことを強調する場合は**仮想ビュー**[*2] という用語が用いられる．

*2 virtual view

「(i) ビューを対象とした問合せ」を処理するための単純な方法としては，まず「(ii) ビュー定義の問合せ」を実行し，その結果としての物理的な実体をつくり，さらにそれに対して上記 (i) の問合せを実行すればよい．

しかし，一般に (ii) の結果得られるビューの物理的実体は，非常に大きい場合もある．そこで，効率化のため (i) と (ii) を合成し簡

3.6 ビュー更新問題※

単化した問合せが概念スキーマ上の問合せとして実行される．例えば，(i) の例として，ビュー「小島履修状況」を対象とする問合せとして，点数が 80 点以上の科目番号を検索する次の問合せを考える．

$$\pi_{\text{科目番号}}\ \sigma_{\text{点数}\geq 80}\ \text{小島履修状況} \tag{3.8}$$

(ii) の例は上述の問合せ (3.7) である．この場合，まず問合せ (3.7) を実行し，その物理的な結果を求めてから，それに対し，問合せ (3.8) を実行するのは効率が悪い．そこで，問合せ (3.7) と (3.8) を合成し簡単化した次の問合せを，もとの関係データベースの概念スキーマを対象として実行する．

$$\pi_{\text{科目番号}}(\sigma_{\text{学生名}=\text{``小島''}}\ \text{学生} \bowtie \sigma_{\text{点数}\geq 80}\ \text{成績})$$

仮想ビューとは異なり，ビュー定義の問合せ結果が物理的に格納されるビューは，**実体化ビュー**[*1] と呼ばれる．

*1 materialized view

■ 3.6 ビュー更新問題※

ビューを対象とする検索は自由にできるが，更新はできない場合がある．ビューは仮想的な関係であるため，ビューに対する更新は基底表に対する更新に変換する必要がある．

しかし，一般にはその変換ができない場合がある．

例えば，2 つの関係 R, S に対し，$\pi_{AC}(R \bowtie S)$ という定義によりビュー V を定義したとする．

R	
A	B
a_1	b
a_2	b

S	
B	C
b	c_1
b	c_2

V	
A	C
a_1	c_1
a_1	c_2
a_2	c_1
a_2	c_2

*2 R の組 (a_1, b) または S の組 (b, c_2) を削除すると，V には 2 つの組しか現れなくなる．

*3 view update problem

上のような関係とビューを考えると，V の組 (a_1, c_2) を削除しようとしても，この削除は基底表の組の削除では表現できない．[*2] これを**ビュー更新問題**[*3] と呼ぶ．

73

第3章 関係代数

■ 3.7 関係論理※

関係代数式には演算の適用順序があり，一般に，1つの問合せは，演算の適用順序が異なる何通りもの関係代数式で表現することができる．例えば，例 3.3.1 の (c)（71 ページ）の問合せ「佐藤先生が教えている科目を履修している学生の名前と点数を求めよ．」は，例 3.3.1 で与えた 2 つの関係代数式以外にも

$$\pi_{\text{学生名, 点数}}(\text{学生} \bowtie \text{成績} \bowtie (\pi_{\text{科目番号}}(\sigma_{\text{先生="佐藤"}}\text{科目})))$$

など，いくつもの関係代数式で表現することができる．したがって，関係代数式は問合せそのものを表現していると同時に，その結果を得るための関係に対する演算の適用順序も表現しているとみなすことができる[1]．

それに対し，**関係論理**[2] は，一階述語論理をもとにして関係データベースに対する問合せを表現する方法を体系化したものであり，関係代数よりもさらに抽象度の高い方法で問合せを表現することができる．例えば，上述の問合せは関係論理では，次のように表現される．

$$\{x_2, x_6 \mid \exists x_1 \exists x_3 \exists x_4 \exists x_5 \exists x_7 \exists x_8$$
$$(\text{学生}\,(x_1, x_2, x_3, x_4) \land \text{成績}\,(x_1, x_5, x_6)$$
$$\land \text{科目}\,(x_5, x_7, \text{"佐藤"}, x_8))\}$$

そのため，実際の問合せ言語は，関係論理の考え方に基づいて設計されているものが多い．

関係論理の体系化には，次の 2 つの方法がある．

* 定義域関係論理[3]
* 組関係論理[4]

定義域関係論理は，関係内の個々の値を基本単位とするのに対し，組関係論理は，関係の組を基本単位とする．両者の表現能力は等価であることがわかっている．

*1 実際，問合せの処理順序を表すために関係代数式が用いられることが多い．

*2 relational calculus

*3 domain relational calculus

*4 tuple relational calculus

74

3.8 関係完備※

　関係代数と関係論理は独立に開発されたにもかかわらず，それらの表現能力は等価であることが証明されている．すなわち，関係代数で表現できるどのような問合せも，関係論理で表現することができ，またその逆もいえる．このように関係代数と関係論理はまったく別の枠組みを用いて関係データベースに対する問合せを体系化したにもかかわらず，その能力が等価であるということは，「これらの枠組みによって表現できる問合せのクラスが，ある種の基準を与える」と考えることができる．

　一般に，ある問合せ言語が関係代数（等価的に関係論理）と同等以上の表現能力をもつ場合，すなわち，関係代数（等価的に関係論理）で表現できるどのような問合せも表現できる場合，その問合せ言語は**関係完備**※1 であるという．関係データベースのための問合せ言語は，関係完備であることが望ましい．第4章で説明するように SQL は関係完備である．

※1 relationally
complete

> ●**本章のおわりに**●
>
> 　関係代数や関係論理で表現できない代表的な問合せとして，**再帰問合せ**※2 がある．
>
> 　有向グラフの各枝の始点と終点を表す 2 項関係として，例えば $Edge(source, destination)$ が与えられたとき，ある点から有向経路を通って到達可能なすべての点を求める問合せは再帰問合せの例である．
>
> 　このような問合せを形式的に表現する問合せ言語として Datalog が知られている．例えば，このようなグラフ上で点 x から y に到達可能性な点を表す関係（$Reachable(x, y)$ とする）を答えとして求める問合せは，次のように表現できる．
>
> $$Reachable(x, y) \quad \leftarrow \quad Edge(x, y)$$
> $$Reachable(x, y) \quad \leftarrow \quad Reachable(x, z), Edge(z, y)$$
>
> 　関係論理や Datalog の厳密な説明は，第 1 章で紹介した教科書[4] に詳しい．
>
> 　ビュー更新問題は長く研究されている問題である．基底関係の組とビューの組がどのように関連付けられているかを明らかにする方法として**来歴**※3,[8]がある．

※2 recursive
query

※3 provenance

第 3 章 関係代数

演習問題

問 1 例 2.1.5（42 ページ）の関係データベーススキーマ上の以下の問合せを，関係代数式を用いて表現せよ（各関係スキーマの主キーがどの属性集合であるかを意識すること）．

(a) 京都に住んでいる 19 歳の学生の名前を求めよ．

(b) 人工知能を履修している学生の学生番号と点数を求めよ．

(c) 20 歳以上の学生が履修している科目を教えている先生の名前を求めよ．

(d) 学生 "山田" が履修している科目を，少なくとも 1 つ履修している，学生の名前を求めよ．

(e) 学生 "山田" が履修している科目を，すべて履修している，学生の名前を求めよ．

(f) 科目番号が "J3" の科目のみを履修している学生の学生番号を求めよ．

問 2 例 3.3.1(d)（71 ページ）の 2 つの関係代数式は等価である．
次の 2 つの関係代数式は等価かどうか，理由とともに答えよ．

$$\pi_{科目名}科目 - \pi_{科目名}(\sigma_{先生="田中"}科目) \tag{3.9}$$

$$\pi_{科目名}(\sigma_{先生 \neq "田中"}科目) \tag{3.10}$$

問 3 〈発展問題〉与えられた関係の，ある属性の最大値または最小値を求める演算は，関係代数によって表現できる．
1 つの関係スキーマ

$$成績(\underline{学生番号, 科目番号}, 点数)$$

のみからなる関係データベーススキーマに対する，次の問合せを関係代数で表現せよ[*1]．

科目番号が "J2" の科目の最高点を求めよ．

*1 ヒント：「科目番号が "J2" に対応する点数」に相当する関係をいくつか用意し，それらを，不等号結合と集合差，または不等号結合と除算でうまく結び付けてみよ．

問 4 〈発展問題〉3.2 節 (68 ページ) で説明したように，関係代数演算のうちいくつかのものは，他の演算の組合せで表現することができる．以下の設問に答えよ．

(a) 集合和，集合差，属性名変更，選択，射影，結合の 6 つの演算を組み合わせることにより，他の演算をすべて表現できることを示せ．

(b) 集合和，集合差，属性名変更，選択，射影，直積の 6 つの演算

を組み合わせることにより，他の演算をすべて表現できることを示せ．

（c）集合和，集合差，属性名変更，選択，射影の 5 つの演算を組み合わせることでは，結合を表現できないことを示せ．

第4章

SQL

　関係代数や関係論理は，関係データベースからある条件を満足するデータを検索する方法を理論的に体系化したものであるが，実際の関係データベースシステムから検索を行うためには具体的な言語が必要である．そのために，プログラミング言語とは異なる関係データベースの操作に特化したいくつかのデータベース言語が開発されてきた．それらの中で，**SQL** は国際的に標準化され[*1]，多くのベンダによって実装されている名実ともに世界標準のデータベース言語である．

　SQL は，1970 年代に IBM 社の San Jose 研究所で実験的に開発された関係データベース管理システムである System R のデータベース言語 SEQUEL[*2] を起源とし，長い歴史の中で，徐々に機能が追加されてきた．

　SQL を利用して，これまでに多くの応用プログラムが開発され，資産としての価値をもち継承されてきた．これらの資産を生かすために，データベース管理システムがデータベース言語として SQL をサポートしていることは重要である．

　SQL は，データベース言語としていくつかの機能をもつ．本章では SQL のデータモデル（4.1 節），データ定義言語（4.2 節），について説明し，その後，問合せの基本（4.4 節），ビュー（4.5 節），更新操作（4.6 節）について説明する．ナル値の扱い（4.3 節，4.7

[*1] 国際標準化機構 ISO (International Organization for Standardization) と国際電気標準会議 IEC (International Electrotechnical Commission) で標準化されている．

[*2] Structured English Query Language. この名前が示すように SQL の構文は英語に近い．

第 4 章　SQL

> **SQL に影響を受けたデータベース言語**
>
> SQL の構文や意味論は，関係データベース以外の他のデータベース
> の言語に影響を与えている．例えば，オブジェクト指向データベース
> のための **OQL**，XML データのための **XQuery**，RDF データのための
> **SPARQL** などをあげることができる．

節）および副問合せ（4.8 節）は，SQL の基本事項を学習するうえ
では読み飛ばしても支障がない．また，SQL の集約関数について
は，6.1 節 (165 ページ) で説明する．

4.1　SQL のデータモデル

　SQL は関係データベースを対象とするデータベース言語である
が，実用上の利便性の観点から，第 2 章で定義した関係モデルを拡
張したデータモデルを対象としており，さらに，第 3 章で論じた関
係代数や関係論理を拡張した操作機能をもつ．本節では，SQL が
対象とするそのようなデータモデルについてみていくことにする．

　まず，関係データモデルと SQL では，同様の概念であってもそ
れを表す用語が異なる．両者の比較を表 4.1 に与える．

表 4.1　関係データモデルと SQL の用語の比較

関係データモデル	SQL	備　考
関係 (relation)	表 (table)	
属性 (attribute)	列 (column)	SQL では，表の列は順序付けられている．
組 (tuple)	行 (row)	SQL では，表の中で重複した行の存在を許す．また，問合せ結果表の行は順序付けられていてもよい．
定義域 (domain)	データ型 (data type)，定義域 (domain)	
	ナル値 (null value)	

80

4.2 SQL のデータ定義言語

関係データモデルと SQL のデータモデルの相違点をあげる.

- 列の順序：関係の属性には順序がないが，SQL の表の列は順序付けられている.
- 組の重複と順序：定義 2.1.1 (30 ページ) にあるように関係は理論的には組の集合として扱う．しかし，SQL のデータモデルでは，関係内で重複した組の存在を許し，関係は組のマルチセット*1*2 とみなす．また，問合せ結果の表の中では行が順序付けられていてもよい.
- 定義域：関係モデルの定義域は，SQL ではデータ型，およびそれをもとにした定義域に対応する.
- ナル値：SQL では，値が何もないナル値*3 を許している.

*1 multiset

*2 重複した要素の存在を許す集合をマルチセットと呼ぶ.

*3 null value

4.2 SQL のデータ定義言語

SQL で表を定義するためには CREATE TABLE 文を用いる．実際に例 2.1.1 (34 ページ) の関係スキーマ **学生** を定義するための SQL 文の例*4 を与える.

*4 SQL 文は途中どこで改行してもよく，この例のとおりに改行する必要はない.

```
CREATE TABLE 学生 ( 学生番号 VARCHAR(4),
                   学生名    NVARCHAR(20),
                   都市      NVARCHAR(10),
                   年齢      INTEGER )
```

この例のように，CREATE TABLE 文ではその表を構成する列を順に定義する．1 行目の「学生」は表名，「学生番号」は列名を表し，VARCHAR(4) はその**データ型**を表す．SQL の既定義データ型（最初から定義されているデータ型）のうち主要なものを表 4.2 に示す.

SQL では，主キーの指定には PRIMARY KEY を用いる．次の SQL 文は，表「学生」の主キーが「学生番号」であることを定義している.

第 4 章　SQL

表 4.2　SQL の既定義データ型の主なもの

文字列型	CHAR(n)	ちょうど n 文字の固定長文字列
	VARCHAR(n)	n 文字までの可変長文字列
	NCHAR(n)	ISO で定義されている Unicode のキャラクタセットのうち印字可能な文字
	NVARCHAR(n)	
数　　型	INTEGER	符号付き整数 （2 進，または 10 進）
ブール型	BOOLEAN	
日時型	DATE	

```
CREATE TABLE 学生 （ 学生番号 VARCHAR(4),
                  学生名    NVARCHAR(20),
                  都市      NVARCHAR(10),
                  年齢      INTEGER,
                  PRIMARY KEY（学生番号） ）
```

　同様に，関係スキーマ**科目**の SQL による定義は以下のようになる．

```
CREATE TABLE 科目 （ 科目番号    VARCHAR(5),
                  科目名      NVARCHAR(15),
                  先生       NVARCHAR(10),
                  単位数      INTEGER,
                  PRIMARY KEY（科目番号） ）
```

　SQL の CREATE TABLE 文において，参照制約は FOREIGN KEY で指定する．関係スキーマ**成績**の SQL による定義は以下のようになる．

```
CREATE TABLE 成績 （ 学生番号    VARCHAR(4),
                  科目番号    VARCHAR(5),
                  点数       INTEGER,
                  PRIMARY KEY（学生番号，科目番号），
                  FOREIGN KEY（学生番号）
                            REFERENCES 学生,
                  FOREIGN KEY（科目番号）
                            REFERENCES 科目 ）
```

この CREATE TABLE 文において，表「成績」の列「学生番号」と「科目番号」はともに外部キーであり，それぞれ表「学生」と表「科目」の主キーを参照することが定義されている．

4.3 ナル値※

関係データモデルでは，関係の組はどの属性もその定義域の値をもつが，SQL では，値をもたないことを表す特別の値である**ナル値**[*1] を許す．

*1 null value

ナル値はより一般的には**空値**と呼ばれ，空値には，該当する値は存在するが不明[*2] である場合，該当する値が存在しない場合[*3]，さらに，該当する値が存在するか否かが不明である場合，適用不能[*4] な場合，などいくつかの意味が存在しうる．

*2 unknown

*3 not exist

*4 inapplicable

SQL では，これらの空値の意味を区別するための手段は提供されておらず，ナル値だけが用意されている．

ナル値は次の性質をもつ．

- ナル値は，キーワード **NULL** で示される場合もある．
- ナル値は，次の点において他の値とは異なる．
  - どのデータ型中にもナル値があるので，SQL 文中のキーワード NULL だけでは，そのナル値のデータ型はわからない．
  - ナル値は，他のどの値とも等しくもなく，等しくなくもない，すなわち，与えられたどの値とも等しいかどうかが不定[*5] であるが，複数のナル値は，一緒にして扱う．

*5 unknown

SQL では，図 4.1 の例にあるように NOT NULL の付いた列にはナル値は許されない．NOT NULL が指定されていない列にはナル値が許されることになるが，主キーについては次の制約が存在する．

第 4 章　SQL

```
CREATE TABLE 学生 (  学生番号     VARCHAR(4),
                    学生名      NVARCHAR(20) NOT NULL,
                    都市       NVARCHAR(10),
                    年齢       INTEGER,
                    PRIMARY KEY (学生番号) )
```

図 4.1　SQL のデータ定義言語における NOT NULL の指定

*1　entity integrity

定義 4.3.1　（実体の完全性）[*1]　　　主キーを構成するどの列も空値を値としてもつことはできない.　　　　　　　　　　　　　　　　□

　主キーは，各実体もしくは各関連を一意に識別する手段である.そのために実体の完全性が必要となる.

　CREATE TABLE 文では，PRIMARY KEY で指定された列には暗黙的に NOT NULL が付いているものとみなされる.例えば，図 4.1 のSQL 文では，1 行目では，列「学生番号」に NOT NULL は指定されていないが，5 行目で，列「学生番号」は主キーを構成する列であることが指定されているため，「学生番号」の値としてナル値をもつことはできない.

　また，定義 2.1.5（41 ページ）の**参照制約**は，外部キーに空値を含む可能性を考慮し，次のように拡張される.

定義 4.3.2　（空値を考慮した場合の参照制約）　　　関係スキーマ R_1, R_2 があり，$F_1(\subseteq att(R_1))$ を R_1 のある属性集合，K_2 を R_2 のキーとする.

　このとき，**参照の完全性**は，R_1 のインスタンスの組の F_1 の値は，次のいずれかでなければならないという一貫性制約である.

(1)　R_2 のインスタンスのいずれかの組の K_2 の値と一致しなければならない

　　または

(2)　完全に空値である（すなわち F_1 の全属性の値が空値）.

　ここで，R_1 と R_2 は必ずしも異なる必要はない.SQL では，R_1

84

4.3 ナル値※

学　生

学生番号	学生名	都市	年齢	所属クラブ
S1	山田	京都	19	軽音
S2	鈴木	大阪	20	サッカー
S3	小島	奈良	22	
S4	武田	京都	18	野球
S5	高木	神戸	21	

クラブ

名称	代表者	創設年
野　球	武田	1950
サッカー	三浦	1955
ラグビー	平尾	1935
交響楽団	小澤	1940
軽　音	細野	1964

図 4.2　空値を考慮した場合の参照の完全性の例

を**参照表**，R_2 を**被参照表**と呼ぶ． □

　例えば，図 4.2 のように，関係「学生」の属性として「所属クラブ」を追加し，新たに関係「クラブ」を考える．ここで「クラブ」の主キーは「名称」とする．

　「学生」の属性「所属クラブ」は，「クラブ」の「名称」を参照しているため，「学生」が参照表，「クラブ」が被参照表である．

　このとき，定義 4.3.2 で定義される空値を考慮した場合の参照制約は，「所属クラブ」の値は，「クラブ」のある組の属性「名称」の値と一致するか，完全に空値でなければならないという一貫性制約を表す．

　SQL の CREATE TABLE 文において，参照制約は FOREIGN KEY で指摘する．また，被参照表の行が削除された場合の動作は ON DELETE で指定し，被参照表の参照列の値に更新が生じた場合の動作は ON UPDATE で指定する．この動作[1] には表 4.3 の 4 種類がある．

*1　referential action

　これらの動作は，関係データベース管理システムが自動的に実行

第4章　SQL

表 4.3　SQL の参照動作

CASCADE（波及指定）	被参照表中の被参照列が削除または更新された ときに同じ変更を参照表に対して行う．
SET NULL	参照表の参照列の値をナル値にする．
SET DEFAULT	参照表の参照列の値を<DEFAULT>句で指定され た規定値に設定する．
NO ACTION	参照表のうち，被参照表の更新（削除）行を参 照しているものがある場合は，被参照表のその 更新（削除）を禁止する．

する．なお，ON DELETE が省略された場合は，暗黙的に NO ACTION が指定されたものみなされる．ON UPDATE の場合も同様である．

　以下の SQL 文は，関係スキーマ「成績」に削除および更新時の動作の指定を加えたものである．

```
CREATE TABLE 成績 （ 学生番号    VARCHAR(4),
                  科目番号    VARCHAR(5),
                  点数       INTEGER,
                  PRIMARY KEY （学生番号，科目番号），
                  FOREIGN KEY （学生番号）
                            REFERENCES 学生
                            ON DELETE CASCADE
                            ON UPDATE NO ACTION,
                  FOREIGN KEY （科目番号）
                            REFERENCES 科目
                            ON DELETE CASCADE
                            ON UPDATE NO ACTION ）
```

4.4　問合せの基本

　SQL は長年にわたり機能が順次追加されてきているため，一般に同じ問合せを表現するいくつかの方法があり，その意味で冗長な言語である．ここでは，関係代数で表現できる問合せを中心に基本的な構文を紹介する．

　以降の例では，図 2.2（27 ページ），図 2.7（38 ページ），図 2.8（39 ページ），（図 3.1 に再掲）の関係（表）を用いている．

4.4 問合せの基本

表 4.4 関係代数演算と SQL

関係代数演算	SQL
射影：$\pi_{A_1, A_2, \cdots, A_m} I$	SELECT $A_1, A_2, \ldots, A_m$ FROM I
選択：$\sigma_q I$	SELECT * FROM I WHERE q
属性名変更： $\delta_{A_1, A_2, \cdots, A_k \to B_1, B_2, \cdots, B_k} I$ （I の属性集合は $\{A_1, A_2,$ $\ldots, A_n\}$ $(k \leq n)$ とする）	SELECT A_1 AS $B_1, \cdots A_k$ AS B_k, 　　　A_{k+1} AS $A_{k+1}, \cdots A_n$ AS A_n FROM I
集合和：$I \cup J$	I UNION J
共通集合：$I \cap J$	I INTERSECT J
集合差：$I - J$	I EXCEPT J
直積[*1]：$I \times J$	I CROSS JOIN J
結合：$I \bowtie_q J$	I JOIN J ON q
自然結合：$I \bowtie J$	I NATURAL JOIN J

*1　SQL では交差結合と呼ぶ.

1.　関係代数演算の表現

*2　除算は，演習問題の問 4（112 ページ）を参照.

　関係代数演算のうち，除算を除く[*2] 演算に対応する SQL 文を表 4.4 に示す．この表にあるように，関係代数の単項演算である射影，選択，属性名変更は，SQL では SELECT 文を用いて表現できる．また，二項演算にはそれぞれ対応する SQL の構文が用意されている．SQL と関係代数の表現能力については以下の定理が成立する．

定理 4.4.1　　関係代数で表現できる問合せはすべて SQL で表現できる[*3].

*3　すなわち SQL は関係完備である.

〈略証〉　関係代数演算のうち 3.2 節（68 ページ）の最小限必要なものを SQL を用いて表現すればよい．　　　　　　　　　　　　　　□

　この定理の逆は成立しない．すなわち，SQL の問合せには関係代数では表現できないものがある．

87

第4章　SQL

■ 2.　SELECT 文の概要

*1　正式には、標準
SQLの問合せ指定.

　SQL において問合せの代表的な文は SELECT 文[1] である．ま
ず簡単な例を用いて SELECT 文の概要をみることにする．次の問
合せを考えよう．

> 科目番号が "J2" の科目で 80 点をとった学生の学生番号
> を求めよ．

この問合せは SQL では次のように表現できる．

```
SELECT  学生番号
FROM    成績
WHERE   科目番号 = 'J2' AND 点数 = 80
```

日本語で表現された上記の問合せがこのような SQL で表現され
る理由は次のように説明できる．

　まず，上記の問合せが表す意味は変えず，それを表，列，行など
の用語を用いた表現に変更し，次のような日本語にする．

> 表「成績」から科目番号が "J2" であり，かつ，点数が 80 で
> あるような行の列「学生番号」を選べ．

この日本語文を英語にすると以下のようになる．

> **select**「学生番号」**from**「成績」**where** 科目番号 = "J2" **and**
> 点数 = 80.

　日本語の場合は，問合せの条件（この例では，科目番号や点数に
対する条件）は，最終的に値を求めたい列（この例では学生番号）

*2　79ページの傍
注 *2参照

よりも先に書くが，英語ではその順序が逆になる[2]．また，SQL
文において改行位置は任意である．

　したがって，上記 SQL 問合せ式は次のように書くことができ，
これは上記の英語文とほぼ同じであることがわかる．

```
SELECT 学生番号 FROM 成績 WHERE 科目番号 = 'J2' AND 点数 = 80
```

　SELECT 文の基本部分の構文規則は，図 4.3 のようになり，
1, 2, 3 行目をそれぞれ SELECT 句，FROM 句，WHERE 句と呼ぶ．

　SELECT 句の<選択リスト>は問合せ結果に何が現れるかを指定す
る．<選択リスト>は多くの場合，列の名前のリストである．

　FROM 句にはこの問合せに答えるために必要な表を指定する．

4.4 問合せの基本

```
SELECT [ DISTINCT | ALL ] <選択リスト>
FROM    <表参照> [ { , <表参照> } ... ]
[ WHERE <探索条件> ]
```

図 4.3 SELECT 文の基本部分の構文規則

構文表記法

　SQL の構文は，図 4.3 のような構文表記法で定義される．この構文表記法は，よく使われる BNF (バッカス正規形; Backus–Normal Form; Backus Naur Form) を少し拡張したものである．

　<選択リスト>や<表参照>など < と > で囲まれた文字列は SQL 言語の構文要素の名前であり，そのままで SQL 文に現れるのではなく，生成規則によって定義される．

　生成規則は，::=を使って表され，この左辺の構文要素が右辺の式によって定義されることを表す．また，図 4.3 の [<WHERE 句>] のような [ ]（角かっこ）は，その部分が省略可能であることを表す．

　さらに，{ , <表参照> } ... のような{ }（波かっこ）と...（省略符号）は，波かっこの部分を任意の回数，繰り返してもよいことを表す．

　したがって，図 4.3 の 2 行目は，FROM に続いて<表参照>が 1 回以上，何回現れてもよいことを示す．

　さらに，|（縦棒）は，縦棒の左または右を選択することを表す．

　また，WHERE 句の<探索条件>では問合せの条件を指定する．

　さらに，SELECT 句に DISTINCT が指定されている場合は結果から重複する組を除去し，ALL が指定されている場合は重複する組を残す．

▌3. 単純な SELECT 文 – 射影，選択，属性名変更

　本項では，FROM 句で 1 つの表のみを参照する簡単な SELECT 文の説明をする．これは，関係代数の選択，射影，属性名変更のみで表現できるような問合せに対応する．

1. 射　影

　図 4.3 からわかるように，WHERE 句は省略可能であり，SE-

89

第4章 SQL

LECT 文の最も簡単な形は SELECT 句と FROM 句のみからな
るものである．これは射影に対応する．例えば

　　「学生が履修しているすべての科目の科目番号を求めよ」

という問合せの SQL 文は，次のようになる．

```
SELECT ALL  科目番号
FROM    成績
```

結果：

科目番号
J1
J2
J2
J3
J4
J6
J1
J2
J4
J5
J6

　この結果には重複する行があるが，4.1 節 (80 ページ) で
説明したように SQL は関係モデルを拡張し，行の重複を許
すことを思い出してほしい．

　上記の例のように，SELECT 句で ALL を指定すると，得ら
れた結果に行の重複があってもそのままにする．逆に，次の
例のように DISTINCT を指定すると得られた結果から重複を
除去する．なお，デフォルトは ALL である[*1]．

*1　つまり何も指
定しないと ALL が
指定されたものとみ
なされる．

```
SELECT DISTINCT  科目番号
FROM    成績
```

結果：

科目番号
J1
J2
J3
J4
J6
J5

2. すべての列の出力

　問合せ結果のすべての列を出力する場合は，列の名前をす

90

べて列挙するかわりに*が使える.

「学生の表をそのまま出力せよ」

```
SELECT *
FROM    学生
```

ここまでの SELECT 文の例では WHERE 句がなかった.

関係代数の選択演算を表現するためには WHERE 句を用いる.

次に WHERE 句によって<探索条件>を指定する例をみる.<探索条件>は,述語が AND, OR, NOT で結合されたものである.

3. 値の比較

列の値と定数を比較したり列どうしを比較することができる.

「年齢が 20 歳未満,または奈良に住んでいる学生の学生番号と名前を求めよ」

```
SELECT 学生番号,学生名
FROM    学生
WHERE   年齢 < 20 OR 都市 = N'奈良'
```

比較演算子は,=,<>,<,>,<=,>=の 6 種類であり,それぞれ,$=, \neq, <, >, \leq, \geq$ を表す.

数どうしの比較は,数の大小関係に基づいて行われる.

文字列どうしの比較の場合は,辞書順で先に現れる文字列の方が小さいとみなす.なお,この SQL の WHERE 句において N は "National Character" を表し,英文字以外の文字列の値の前にはこれを付ける.

結果:

学生番号	学生名
S1	山田
S3	小島
S4	武田

一般に,SELECT 文を評価する場合は FROM 句で指定された表の各行が<探索条件>を満足するかどうかを調べ,満足する行の中で

第 4 章　SQL

> **SQL の方言**
>
> 　SQL は国際標準であるが，一部の構文はデータベース管理システム
> ごとに異なる．例えば，データベース管理システムによっては，3. に
> 示した SQL 中にある N は，付ける必要がない．
> 　本書では国際標準に沿った構文を採用しているが，データベース管
> 理システムによっては異なる構文を採用している場合があるため，実
> 際に使用するデータベース管理システムの SQL のマニュアルを参照し
> てほしい．

学生

学生番号	学生名	都市	年齢	探索条件
S1	山田	京都	<u>19</u>	○
S2	鈴木	大阪	20	×
S3	小島	<u>奈良</u>	22	○
S4	武田	京都	<u>18</u>	○
S5	高木	神戸	21	×

図 4.4　SELECT 文の評価

SELECT 句で指定された列を出力する．例えば，この 3. の SELECT
文の場合に，関係「学生」の行のうち<探索条件>を満足する行に
○を付け，それ以外の行には×を付けると図 4.4 のようになる．
図 4.4 の中で<探索条件>を満足する値には下線を引いている．

　○を付けた行の中で SELECT 句で指定された学生番号と学生名の
列は背景を網かけにしており，これらの値が最終的な結果の表とし
て出力される．

　4. 属性名変更

> 　SQL で属性名変更を行うためには，AS を用いる．例えば，
> 3. の問合せ結果の列名を変更するためには次のように書く．
> 「番号」「名前」などはこの問合せのみで用いられる一時的な
> 名前である．なお，AS は省略可能である．
>
> ```
> SELECT  学生番号 AS 番号, 学生名 AS 名前
> FROM    学生
> WHERE   年齢 < 20 OR 都市 = N'奈良'
> ```
>
> 　なお，表 4.4 の属性名変更では，変更しない属性も，A_{k+1}

92

AS A_{k+1}, $\cdots A_n$ AS A_n のように AS を指定していた．これは SELECT A_1 AS B_1, A_2 AS B_2, $\cdots A_k$ AS B_k FROM I とすると，射影と属性名変更を両方行うことになるためである．

糖衣構文および関係代数からの拡張機能

SQL には実用上の利便性を考え，(言語としての表現能力が増すわけではないが) 便利な糖衣構文[*1][*2]や，関係代数にはない拡張機能が用意されている．

*1 ある構文を，より簡単に書けるようにした構文．

*2 syntax sugar

5. BETWEEN

列の値がある範囲内であることを指定する場合は BETWEEN を使うこともできる．

「年齢が 19 以上かつ 21 以下の学生の名前を求めよ」

```
SELECT 学生名
FROM   学生
WHERE  年齢 BETWEEN 19 AND 21
```

この問合せは次の問合せと等価である．

```
SELECT 学生名
FROM   学生
WHERE  年齢 >= 19 AND 年齢 <= 21
```

6. IN

「科目番号が J1，J3，J5 いずれかの科目を履修している学生の学生番号を求めよ」

```
SELECT 学生番号
FROM   成績
WHERE  科目番号 IN ('J1', 'J3', 'J5')
```

ある列の値が，値の並びの要素であるかどうかを調べるために，IN を使える．このとき，IN は $\in$ と考えてよい．また，NOT IN は $\notin$ と考えてよい．

「科目番号が，J1，J3，J5 いずれの科目も履修していない学生の学生番号を求めよ」

第4章　SQL

表4.5　SQL における四則演算の演算子

演算	演算子
加算	+
減算	-
乗算	*
除算	/

```
SELECT 学生番号
FROM   成績
WHERE  科目番号 NOT IN ('J1', 'J3', 'J5')
```

7. 文字列の部分一致

　　「名前が "藤" の文字で終わる先生が教えている科目の
　　科目名を求めよ」

```
SELECT 科目名
FROM   科目
WHERE  先生 LIKE N'% 藤'
```

　LIKE に続く文字列中のパーセント (%) は，任意の n 文字
（ただし $n \geq 0$）からなる文字列を表す．なお，任意の1文
字を表す場合は下線文字 (_) を用いる．

8. 四則演算式

　SELECT 句や WHERE 句 には，列の名前や定数を使った四
則演算式を書くことができる．演算子は表4.5に示すとおり
である．

```
SELECT 学生番号,100 - 点数
FROM   成績
```

▌4.　結合，直積を含む問合せ

SQL には，結合や直積を，直接表現する構文が用意されている．

4.4 問合せの基本

1. （内）結合

「単位数が5の科目を履修している学生の学生番号を求めよ」

```
SELECT DISTINCT  学生番号
FROM   成績 JOIN 科目 ON 成績.科目番号 = 科目.科目番号
WHERE  単位数 = 5
```

結果：

学生番号
S4

FROM句のJOINは2つの関係「成績」と「科目」を結合することを表す.

FROM句のON以下で結合の条件を表す.「科目番号」という列は2つの表に現れるため,表の名前と列名をピリオドでつないでどちらの表の列かを明示している.

関係代数の結合は,SQLの用語では後述の外部結合と区別するために**内結合**[*1] と呼ぶ. JOINのかわりにINNER JOINと書いてもよい.

この例のように結合する表の列名が等しく,しかも等号で結合する場合は,以下のようにUSINGを用いた省略記法が使える.

*1 inner join

```
SELECT DISTINCT  学生番号
FROM   成績 JOIN 科目 USING(科目番号)
WHERE  単位数 = 5
```

2. 自然結合 (1)

SQLでは,2つの表の同じデータ型をもつ同じ列名の列どうしを等号比較することにより,**自然結合**を行うための構文 NATURAL JOIN が用意されている.

上述の1.の問合せでは,2つの関係の自然結合を行っており,次のように書くこともできる.

第 4 章　SQL

```
SELECT DISTINCT　学生番号
FROM 成績 NATURAL JOIN 科目
WHERE　単位数 = 5
```

3. 自然結合 (2)

「京都に住んでいる学生，または奈良に住んでいる学生
が履修している科目の科目番号を求めよ」

```
SELECT DISTINCT　科目番号
FROM　学生 NATURAL JOIN 成績
WHERE　都市 = N'京都' OR 都市 = N'奈良'
```

結果：

科目番号
J1
J2
J3
J4
J5
J6

4. 自分自身の表の結合 (1)

「同じ都市に住んでいる 2 人の学生の学生番号対を求
めよ」

```
SELECT FIRST.学生番号, SECOND.学生番号
FROM　学生 AS FIRST JOIN　学生 AS SECOND
      ON　FIRST.都市 = SECOND.都市
         AND FIRST.学生番号 < SECOND.学生番号
```

結果：

学生番号	学生番号
S1	S4

　この問合せに答えるためには，表「学生」をコピーし，そ
れらを結合する必要がある．

　コピーした表を区別するためにそれらに FROM 句で AS を
用いて別の名前を付けている．この例の FIRST, SECOND な

*1 alias

どは，標準 SQL では**相関名**と呼ばれ，一般には**関係別名**[*1]とも呼ばれる．

結合条件中の FIRST.学生番号 < SECOND.学生番号は冗長な結果を出力しないために加えられた条件である．

5. 自分自身の表の結合 (2)

「京都に住んでいる学生と，奈良に住んでいる学生が履修している科目の科目番号を求めよ」

```
SELECT DISTINCT   KS.科目番号
FROM    学生 AS KG JOIN 成績 AS KS
        ON KG.学生番号 = KS.学生番号
          JOIN 成績 AS NS
           ON KS.科目番号 = NS.科目番号
             JOIN 学生 AS NG
              ON NS.学生番号 = NG.学生番号
WHERE   KG.都市 = N'京都'
AND     NG.都市 = N'奈良'
```

このように 3 つ以上の関係を結合する場合は，最初の 2 つの関係の結合結果に対し，さらに 3 つ目以降の関係を JOIN を用いて順次結合していけばよい．

結果：

科目番号
J4
J6

6. 交差結合

関係代数の直積は SQL では**交差結合**と呼ばれ，CROSS JOIN を用いて表現する．すなわち，2 つの表 A, B の直積は

```
SELECT *
FROM A CROSS JOIN B
```

と書く．

初期の SQL の仕様には JOIN が含まれていなかったため，関係代数の直積や結合を含む問合せを表現するためには，対象となる表の表名を FROM 句に並べ，結合の場合はさらに WHERE 句に結合条件を書く方法が一般的であった．例えば，上記 6. の問合せは，次の

ように書くこともできる.

```
SELECT *
FROM A, B
```

また，本項 1.（95 ページ）の問合せは，次のように書くこともで
きる.

7. WHERE 句での結合条件の指定

```
SELECT DISTINCT  学生番号
FROM   成績, 科目
WHERE  成績. 科目番号 = 科目. 科目番号
AND    単位数 = 5
```

この例では，3 行目が結合条件である.

以上のように，SELECT 文が SELECT 句，FROM 句，WHERE 句か
らなる場合に，その問合せの意味を関係代数で表現すると，まず，
FROM 句で指定される結合または直積を実行し，次に WHERE 句で指
定される選択を実行する. その結果に対し，最後に SELECT 句で指
定される列を結果に残すことになる[1].

*1 実際の処理は
必ずしもこの順序で
行われるとは限らな
い（3.4節（71 ペー
ジ），7.11節（208
ページ）参照）.

▌5. 集合演算

表 4.4 に示したように，集合和，共通集合，集合差などの関係代
数の集合演算は，SQL にそのための構文が用意されている.

1. UNION を用いた検索

「単位数が 4 か，もしくは山田が履修している科目の科
目番号を求めよ」

```
SELECT 科目番号
FROM   科目
WHERE 単位数 = 4
UNION
SELECT   科目番号
FROM 成績 NATURAL JOIN 学生
WHERE 学生名 = N' 山田'
```

結果：

科目番号
J1
J4
J2

UNION の結果からはすべての重複行が除去される．それに対し，UNION ALL と指定すると結果の重複行はそのまま残される．すなわち，ある組がUNION演算の対象となる2つの関係において，それぞれ m (≥ 0) 回および n (≥ 0) 回現れるならば，この組は，結果の関係において $m + n$ 回現れる．

```
SELECT 科目番号
FROM   科目
WHERE 単位数 = 4
UNION ALL
SELECT   科目番号
FROM 成績 NATURAL JOIN 学生
WHERE 学生名 = N'山田'
```

結果：

科目番号
J1
J4
J1
J2

同様に，EXCEPT ALL 演算や INTERSECT ALL 演算も，演算対象となる2つの関係における組の重複度を考慮した演算である．すなわち，ある組が，演算の対象となる2つの関係において，それぞれ m (≥ 0) 回および n (≥ 0) 回現れるならば，この組は，EXCEPT ALL 演算と INTERSECT ALL 演算の結果の関係において，それぞれ $\max(0, m - n)$ 回，および $\min(m, n)$ 回現れる．

4.5 ビュー

3.5 節で説明したように，ビュー定義文は問合せで表現される．SQL においてビューの定義の一般的な構文は次のようになる．

```
CREATE VIEW ビュー名 AS
ビュー定義文
```

例えば，式 (3.7) に示した関係代数式で定義されるビュー「小島履修状況」は，SQL では次のように定義される．

第4章　SQL

```
CREATE VIEW 小島履修状況 AS
SELECT 科目番号, 科目名, 先生, 単位数, 点数
FROM   学生 NATURAL JOIN 成績
              NATURAL JOIN 科目
WHERE  学生名 = N'小島'
```

　また，式 (3.8) に示したビュー上の問合せは関係代数式で表され
ているが，これを SQL で表すと，次のようになる.

```
SELECT 科目番号
FROM   小島履修状況
WHERE  点数 >= 80
```

　この SELECT 文にあるように，FROM 句には，CREATE TABLE
で定義した表のみならず CREATE VIEW で定義したビューも指定で
きる.

4.6　SQL の更新操作

　SQL の更新操作は, UPDATE 文（変更）, INSERT 文（挿入）, DELETE
文（削除）からなる.

1.　変　更
　データベース中の値の変更は UPDATE 文によって行う．UPDATE
文の一般的な形式は以下のとおりである.

```
UPDATE <表名>
SET 変更内容の指定
[ WHERE <探索条件> ]
```

　1. 単一の行の変更

　　　「科目 J3 の科目名をハードウェア論, 先生を富田に変更
　　　し, 単位数を 2 単位削減せよ」

```
UPDATE 科目
SET    科目名 = N'ハードウェア論',
       先生 = N'富田',
       単位数 = 単位数 - 2
WHERE  科目番号 = 'J3'
```

この例のように，SET の後に更新後の値を定数や式で指定する．
また，WHERE 句で変更対象となる行の条件を与えることができる．

2. 複数の行の変更

「田中先生が教えているすべての科目の単位数を 2 倍に
せよ」

```
UPDATE 科目
SET 単位数 = 2 * 単位数
WHERE 先生 = N'田中'
```

▌2. 挿 入

データベースへの行の挿入は INSERT 文によって行う．
INSERT 文の一般的な形式は以下のとおりである．

```
INSERT
INTO   <表名> (列名の並び)
VALUES 値の並び
```

または，

```
INSERT
INTO   <表名> (列名の並び)
<問合せ式>
```

1. 単一の行の挿入

「学生 S6(学生名'川原'，都市'大阪'，年齢'23') を関係
"学生" に挿入せよ」

```
INSERT INTO 学生
VALUES ('S6', N'川原', N'大阪', 23)
```

第4章　SQL

2. 問合せを用いた複数の行の挿入

「学生番号'S6' の学生が学生' 武田' が履修している科目をすべて履修するようにせよ」

```
INSERT
INTO 成績 (学生番号, 科目番号)
    SELECT 'S6', 科目番号
    FROM    学生 NATURAL JOIN 成績
    WHERE   学生名 = N' 武田'
```

「学生' 武田' が履修している科目をすべて，学生' 川原' も履修するようにせよ」

```
INSERT
INTO 成績 (学生番号, 科目番号)
    SELECT S1. 学生番号, G2. 科目番号
    FROM    学生 S1, 学生 S2 NATURAL JOIN 成績 G2
    WHERE   S1. 学生名 = N' 川原'
    AND     S2. 学生名 = N' 武田'
```

2. の INSERT 文で挿入された行の点数の値はすべてナル値となる.

▌3. 削　除

データベース中の組の削除は DELETE 文によって行う.

DELETE 文の一般的な形式は以下のとおりである.

```
DELETE FROM <表名>
[ WHERE <探索条件> ]
```

1. 単一の行の削除

「科目番号が "J1" の行を，科目表から削除せよ」

```
DELETE FROM 科目
WHERE 科目番号 = 'J1'
```

2. 複数の行の削除

「学生番号が "S1" または "S3" の履修に関する行を，成績表からすべて削除せよ」

```
DELETE FROM 成績
WHERE 学生番号 IN ('S1', 'S3')
```

4.7 ナル値に関する述語と演算[※]

1. ナル値の述語

「年齢がナル値の学生の，学生番号を求めよ」

```
SELECT 学生番号
FROM   学生
WHERE  年齢 IS NULL
```

SQL は**ナル値**を許すため，ブール値として，真，偽のみならず**不定**を加えた **3 値論理**が必要となる．例えば，年齢がナル値の行に対して

```
年齢 >= 20
```

という比較述語を評価すると，その値は「不定」となる．NULL は値ではなく，「値がないという印」である．

それに対し，$\theta \in \{ =, <>, <, <=, >, >= \}$ は，値どうしを比較する演算子である．したがって，年齢がナル値の行に対して

```
年齢 = NULL
```

という比較述語を評価するとその値は「不定」となる．（= 以外も同様）

「不定」の導入に伴い，AND, OR, NOT などの論理演算子の結果も表 4.6 のような 3 値論理に基づくことになる．

そのため，データ本来の意味を考えると，すべての行に対して，

第 4 章　SQL

表 4.6　3 値論理の真理値表

X AND Y

X \ Y	真	偽	不定
真	真	偽	不定
偽	偽	偽	偽
不定	不定	偽	不定

X OR Y

X \ Y	真	偽	不定
真	真	真	真
偽	真	偽	不定
不定	真	不定	不定

NOT X

X	NOT X
真	偽
偽	真
不定	不定

述語

　　（年齢 < 20）OR（年齢 >= 20）

は，真になるはずであるが，年齢がナル値の行に対し，この述語は
不定となる．それに対し，以下の述語は，年齢がナル値である行も
含め，すべての組に対して真となる．

　　（年齢 < 20）OR（年齢 >= 20）OR（年齢 IS NULL）

▌2.　ナル値に関する演算

*1　outer join

　　SQL には，内結合に対して，**外結合**[1] も用意されている．直観
的には，内結合が 2 つの表の組による対のうち，ある条件に一致し
たもののみを結果に残すのに対し，外結合は，条件に一致しない組
も結果に残す．条件に一致しない組の残し方にはいくつかの種類が
ある．
　　例えば，在庫と注文に関する，以下の 2 つの関係表を考える．

在庫

在庫品 ID	品名
1	チーズ
2	ワイン

注文

注文品 ID	顧客
1	鈴木
3	中田

4.7 ナル値に関する述語と演算※

*1 left outer
join

1. 左外結合[1]

```
SELECT *
FROM    在庫 LEFT OUTER JOIN 注文
  ON    在庫.在庫品 ID = 注文.注文品 ID
```

上の SQL 文を実行すると，結果は以下のようになる

結果：

在庫品 ID	品名	注文品 ID	顧客
1	チーズ	1	鈴木
2	ワイン		

すなわち，**左外結合**では，LEFT OUTER JOIN の左側に指定された表の組は，必ず結果に現れる．左側の表の組のうち，右側の表に ON 以下の条件に合致するものがない場合は，右側の表に相当する列の値はナル値となる．

*2 right outer
join

2. 右外結合[2]

右外結合は，左外結合とは逆に，右側に指定された表の組は必ず結果に現れる．

```
SELECT *
FROM    在庫 RIGHT OUTER JOIN 注文
  ON    在庫.在庫品 ID = 注文.注文品 ID
```

上の SQL 文を実行すると，結果は以下のようになる

結果：

在庫品 ID	品名	注文品 ID	顧客
1	チーズ	1	鈴木
		3	中田

*3 full outer
join

3. 完全外結合[3]

完全外結合を実行すると，左側に指定された表の組も，右側に指定された表の組も，必ず結果に現れる．

```
SELECT *
FROM    在庫 FULL OUTER JOIN 注文
  ON    在庫.在庫品 ID = 注文.注文品 ID
```

第4章　SQL

上の SQL 文を実行すると，結果は以下のようになる．

結果：

在庫品 ID	品名	注文品 ID	顧客
1	チーズ	1	鈴木
2	ワイン		
		3	中田

4.8　副問合せ※

SQL では，ある問合せの中に別の問合せを含むことによって，複雑な問合せを指定することができる．他の問合せに含まれる問合せのことを標準 SQL では，<副問合せ>と呼んでいる．

*1　subquery

一般には，<副問合せ>のことを**部分問合せ**[*1]，また，部分問合せを含む問合せのことを**入れ子問合せ**[*2] と呼ぶこともある．

*2　nested query

< 副問合せ > の一般的な構文は以下のように与えられる．

<副問合せ> ::= （ <問合せ式> ）

*3　標準 SQL では，表の列数のこと.

<スカラ副問合せ> <行副問合せ> <表副問合せ>はいずれも<副問合せ>である．ただし，<スカラ副問合せ>の次数[*3] は，1 でなければならず，<行副問合せ>の次数は，2 以上でなければならない．

*4　標準 SQL では，表の行数のこと.

また，<スカラ副問合せ> または <行副問合せ>の基数[*4] は 1 を超えてはならない．

まず最初に，FROM 句に現れる副問合せの例を示す．

1. FROM 句に現れる<表副問合せ>

「科目 J2 を履修している学生の学生番号と学生名を求めよ」

```
SELECT 学生番号, 学生名
FROM   (SELECT *
        FROM    成績 NATURAL JOIN 学生
        WHERE   科目番号 = 'J2') AS 履修 2
```

次に，WHERE 句に現れる副問合せを順に説明する．

2. <比較述語>（<スカラ副問合せ>を含む場合）

「学生番号 S1 の学生と，同じ都市に住んでいる学生の名前を求めよ」

```
SELECT  学生名
FROM    学生
WHERE   都市 = (SELECT  都市
                FROM    学生
                WHERE   学生番号＝'S1')
```

3. <IN 述語>（<表副問合せ>を含む場合）

「科目 J2 を履修している学生の名前をあげよ」

```
SELECT  学生名
FROM    学生
WHERE   学生番号 IN (SELECT  学生番号
                    FROM    成績
                    WHERE   科目番号 = 'J2')
```

結果：

学生名
山田
鈴木
武田

　上記の問合せは，次のように副問合せを用いずに表現することもできる．

```
SELECT  学生名
FROM    学生 NATURAL JOIN 成績
WHERE   科目番号 = 'J2'
```

4. <限定比較述語>（ANY または SOME を用いた検索）

「科目 J2 を履修している学生の名前をあげよ」

第 4 章　SQL

```
SELECT  学生名
FROM    学生
WHERE   学生番号 = ANY（SELECT  学生番号
                       FROM    成績
                       WHERE   科目番号 = 'J2'）
```

結果：

学生名
山田
鈴木
武田

　一般に，$v =$ ANY（副問合せ）は，v の値が副問合せで計算される結果の少なくとも 1 つの値と等しいとき，またそのときに限り，真となる．

　他の比較演算子 θ についても同様に，$v\,\theta$ ANY（副問合せ）は，v の値が副問合せで計算される結果の少なくとも 1 つの値 c に対して $v\theta c$ が真になるとき，またそのときに限り，真となる．

　したがって，= ANY と IN は同じと考えてよい．

　なお，SOME は ANY と同一の意味をもつ．

5. <限定比較述語>（ALL を用いた検索）

「科目 J2 を履修していないすべての学生の名前をあげよ」

```
SELECT  学生名
FROM    学生
WHERE   'J2' <> ALL（SELECT  科目番号
                     FROM    成績
                     WHERE   学生番号 = 学生.学生番号）
```

結果：

学生名
小島
高木

　一般に，θ を比較演算子とするとき，$v\,\theta$ ALL（副問合せ）は，v の値が副問合せで計算される結果のすべての値 c に対して $v\theta c$ が真になるとき，また，そのときに限り真となる．

4.8 副問合せ※

したがって，<> ALL と NOT IN は同じと考えてよい．

6. θ ALL および NOT IN（ナル値を含む場合）

表にナル値を含む場合に θ ALL や NOT IN を使う場合は注意が必要である．例えば，以下のような関係「職員」を考えよう．

職員：

職員番号	職員名	年齢
E1	藤原	22
E2	井上	
E3	吉田	30
E4	大木	21

「どの職員とも年齢が一致しない学生」を求めるために，以下の SQL を実行すると結果は空集合となる．

```
SELECT *
FROM   学生
WHERE  年齢 NOT IN (SELECT 年齢
                    FROM   職員)
```

これは，副問合せの結果が集合 {22, NULL, 30, 21} であること，また，NOT IN の意味は<> ALL 同様，左辺の値がこの集合のいずれの要素とも<>で比較し，真となる場合にのみ，真となることによる．ナル値は，（ナル値を含む）どのような値とも，<>で比較した結果が真とはならない．

7. <EXISTS 述語>（EXISTS を用いた検索）

<EXISTS 述語>は副問合せの結果が空でなければ真となる．
3.（107 ページ）の問合せは以下のように書くこともできる．

```
SELECT 学生名
FROM   学生
WHERE  EXISTS (SELECT *
               FROM   成績
               WHERE  学生番号 = 学生.学生番号
               AND 科目番号 = 'J2')
```

8. <EXISTS 述語> (NOT EXISTS を用いた検索)

108 ページの 5. の問合せ「科目 J2 を履修していない，すべての学生の名前をあげよ」は以下のように書くこともできる．

```
SELECT 学生名
FROM    学生
WHERE  NOT EXISTS (SELECT *
                    FROM    成績
                    WHERE   学生番号 = 学生.学生番号
                    AND 科目番号 = 'J2')
```

結果：

学生名
小島
高木

　このように，ナル値がかかわらない場合は，<>ANY （等価的に NOT IN）を用いた問合せを，NOT EXISTS を用いた問合せに変換できる．一方，ナル値がかかわる場合には，前ページの 6. の問合せと次の 9. の問合せのように，結果が異なる場合があり，注意が必要である．

9. NOT EXISTS （ナル値を含む場合）

「年齢が既知のどの職員とも年齢が一致しない学生」

```
SELECT *
FROM    学生
WHERE  NOT EXISTS (SELECT *
                    FROM    職員
                    WHERE 年齢 = 学生.年齢)
```

結果：

学生番号	学生名	都市	年齢
S1	山田	京都	19
S2	鈴木	大阪	20
S4	武田	京都	18

　これまでにみたように，同じ問合せを，異なる副問合せを用いた SQL 文で表現できる．これらを簡単にまとめると表 4.7 のようになる．

4.8 副問合せ※

表 4.7 表副問合せをもつ場合の各種述語

述　語	構　文	備　考
<IN 述語>	IN <表副問合せ>	= ANY や= SOME と同じ.
<限定比較述語>	θ ANY <表副問合せ> または θ SOME <表副問合せ>	= ANY や= SOME は, IN と同じ.
	θ ALL <表副問合せ>	<> ALL は, NOT IN と同じ.
<EXISTS 述語>	EXISTS <表副問合せ>	

10. <UNIQUE 述語>（NOT UNIQUE を用いた検索）

<UNIQUE 述語>は副問合せの結果に重複行がなければ真となる.

複数の科目で, 同じ点をとった学生の名前をあげよ.

```
SELECT  学生名
FROM    学生
WHERE NOT UNIQUE (SELECT  点数
                  FROM    成績
                  WHERE   学生番号 = 学生.学生番号)
```

結果：

学生名
武田

●本章のおわりに●

SQL をわかりやすく解説した書籍としては文献 9) がある. 文献 10) は SQL を網羅的に解説している.

SQL は国内では JIS 規格となっており, 規格書（JIS X 3005 データベース言語 SQL）は日本工業標準調査会のサイト (http://www.jisc.go.jp/index.html) から検索することができる.

標準 SQL は, 何度もの改訂を経て機能が拡張され, 以下のような多くの方向への拡がりをみせている.

- SQL が対象とするデータ構造は, 利用者が定義したデータ型も許すなど, 第 2 章で定義した関係データモデルを拡張したものとなっている.

111

第 4 章 SQL

> ● 対象とする応用の広がりに伴い，テキスト，空間データ，静止画，データマイニング，XML などのパートが追加されている．

演 習 問 題

問 1 次の関係データベーススキーマを定義する SQL 文を与えよ．データ型，主キー，外部キーは適当に与えること．

> 学生（学生番号, 学生名）
> 履修（学生番号, 科目名, 教員名）
> 教員（教員名, 給料）
> 指導教員（学生番号, 教員名）

問 2 図 3.1（49 ページ）に関する以下の問合せを，SQL を用いて表現せよ．

(a) 田中先生が教えている科目の，科目名を求めよ．

(b) 20 歳未満の学生が履修している科目の，科目番号を求めよ．

(c) 佐藤先生が教えている科目を履修している学生の名前と，点数を求めよ．

(d) 田中先生が教えていない科目の，科目番号を求めよ．

問 3 以下の問合せを，SQL を用いて表現せよ．

(a) 京都に住んでいる 19 歳の学生の名前を求めよ．

(b) 人工知能を履修している学生の学生番号と点数を求めよ．

(c) 20 歳以上の学生が履修している科目を教えている先生の名前を求めよ．

(d) 学生 "山田" が履修している科目を，少なくとも 1 つ履修している，学生の名前を求めよ．

(e) 学生 "山田" が履修している科目を，すべて履修している，学生の名前を求めよ．

(f) 科目番号が "J3" の科目のみを履修している学生の学生番号を求めよ．

なお，(a)〜(f) は第 3 章の演習問題の問 1 と同じ問合せである．

問 4 〈発展問題〉2 つの関係 $R(A, B)$, $S(B)$ に対して，$R \div S$ を SQL を用いて表現せよ．

第5章

概念スキーマ設計

　関係モデルにおいて，概念スキーマは，関係スキーマの集まりである．本章では，そのような関係スキーマの設計法を説明する．

　これまで説明に用いてきた概念スキーマでは関係スキーマの数は数個しかなかったが，実際の現場では数十個または数百個もの関係スキーマからなるデータベースが使われていることはめずらしくない．このような概念スキーマを設計するためには，組織だった方法論が必要となる．

　概念スキーマ設計における大原則は，次のような性質をもつデータベーススキーマを設計することである．

(1) データの冗長性がない．
(2) データのもつ一貫性制約の保持が容易である．

　本章では，5.1 節で，一貫性制約のうち属性間に成立する従属関係を形式的に定義したデータ従属性について説明する．データ従属性には，キーを一般化した関数従属性，多値従属性，結合従属性がある．

　5.2 節では，概念スキーマの設計法として，データ従属性を用いて関係スキーマを分解法，または合成法を用いて設計する方法を説明する．データ従属性を用いると，上記 (1) (2) に関して望ましい性質をもつ「正規形」という概念を数学的に定義できる．

第5章　概念スキーマ設計

　正規形にはいくつかの種類があり，分解法や合成法を用いると，それぞれ特定の正規形の関係スキーマを設計することができる．

　5.3 節では，大規模で複雑な概念スキーマを俯瞰的に把握するときによく用いられる ER モデルの説明を行い，ER モデルの概念スキーマを関係データベーススキーマに変換する方法を説明する．

5.1　データ従属性と情報無損失分解

*1 data dependency

　データ従属性[*1] は，関係データベースのデータ間に成立する従属関係を数学的に形式化したものであり，一貫性制約としての指定，スキーマ設計，問合せ処理などに応用することができる．データ従属性は，関係データベースの理論的研究の手段として数多くのものが提案されてきた．本節では，データ従属性のうち，特に基本的に重要な関数従属性，結合従属性，多値従属性について説明する．

1.　関数従属性

　データ従属性の中で，最も単純で，しかも実際的にも有用なものは**関数従属性**である．これは，キー制約の概念を一般化したものと考えることができる．

　関数従属性は，直観的には「ある関係で，属性集合 X の値を1つ決めると，そのような組の属性集合 Y の値が一意に決まる」という性質である．

　例えば，図 3.1（49 ページ）に示した関係「学生」では，それが表すデータの意味から，{ 学生番号 } の値を1つ決めると，対応する { 学生名 } の値や { 都市，年齢 } の値は1つに決まる．より具体的には，{ 学生番号 } の値を "S2" に決めると，対応する { 学生名 } の値は "鈴木" に一意に決まり，{ 都市，年齢 } の値は "大阪"，20 に一意に決まる．

　同様に，関係「成績」の場合は，{ 学生番号，科目番号 } の値を1つ決めると対応する { 点数 } の値が1つに決まる．

　次に形式的な定義を与える．

5.1 データ従属性と情報無損失分解

定義 5.1.1　I を属性集合 U 上の関係とする．さらに，X, Y を $X, Y \subseteq U$ なる属性集合とする．

　任意の 2 つの組 $t_1, t_2 \in I$ に対し，$\pi_X(t_1) = \pi_X(t_2)$ ならば $\pi_Y(t_1) = \pi_Y(t_2)$ が成立するとき，またそのときに限り，I は X から Y への**関数従属性**[*1] を満足する，または，I 上で Y は X に関数従属である[*2]といい，それを $X \to Y$ で表す．

　また，X, Y をそれぞれ関数従属性の左辺，右辺と呼ぶ．　　□

*1　functional dependency; FD

*2　functionally dependent

　$Y \subseteq X$ ならば必ず $X \to Y$ が成立する．このような関数従属性を**自明な関数従属性**と呼び，それ以外の関数従属性を，**自明でない関数従属性**と呼ぶ．

例 5.1.1　図 3.1（49 ページ）に示した関係「学生」上では，自明な関数従属性が数多く存在するが，例として

$$\{ \text{都市}, \text{年齢} \} \to \{ \text{都市} \}$$

を考えると，例えば，{ 都市，年齢 } の値を "大阪", 20 のように 1 つ決めると，当然 { 都市 } の値は "大阪" と 1 つに決まる．

　一方，自明でない関数従属性として，例えば

$$\{ \text{学生番号} \} \to \{ \text{学生名} \}$$
$$\{ \text{学生番号} \} \to \{ \text{都市}, \text{年齢} \}$$

が成立する．　　□

注意 5.1.1　定義 5.1.1 より，一般に関数従属性の両辺はそれぞれ属性集合であるが，通常，慣例により集合を表す波かっこ（"{" と "}"）は省略される．したがって，例 5.1.1 の自明でない関数従属性は，それぞれ，

　　学生番号 → 学生名
　　学生番号 → 都市, 年齢

のように記述される．

　また，英文字や式によって属性（集合）を記述する場合は，通常，

115

第5章　概念スキーマ設計

さらにカンマ (",")，和集合演算子 ("∪") なども省略される．例えば，A, B, C をそれぞれ属性，X, Y, Z をそれぞれ属性集合とすると，関数従属性

$$\{A, B\} \cup X \rightarrow \{C\} \cup Y \cup Z$$

は

$$ABX \rightarrow CYZ$$

のように記述される．　　　　　　　　　　　　　　　　　　　□

(i) 関数従属性を利用した情報無損失分解

　関数従属性が重要である理由の 1 つは，関数従属性が成立していると，情報を失うことなく，ある関係を 2 つの関係に分解できることである．

　このことは，図 5.1 の例を用いて説明できる．図 5.1(a) のような簡単な関係「顧客」を考える．顧客は顧客 ID で識別されるとする．したがって，顧客 ID が 2 と 3 の顧客は，顧客名は同じだが，異なる顧客であることに注意されたい．

　関係「顧客」を図 5.1(b) (c) のような 2 つの関係に射影することを考える．これら 2 つの関係を自然結合すると図 5.1(d) の関係が得られるが，これは図 5.1(a) のもとの関係「顧客」とは等しくない．

　つまり，この場合は，もとの関係がもっている情報を図 5.1(b) (c) のような 2 つの関係に分解して保持することはできず，分解によって情報が失われていると考えることができる．

　このように，一般には，属性集合 U 上のある関係 I を 2 つの射影 $\pi_V I$ と $\pi_W I$ (ただし $V \cup W = U$) に分解すると

$$I \subseteq (\pi_V I) \bowtie (\pi_W I)$$

が成立する．

　次に，もとの関係「顧客」を図 5.2(a) (b) のような 2 つの関係に分解した場合を考える（図 5.2(a) は図 5.1(b) と同じである）．この場合は，これら 2 つの関係を自然結合した結果

116

顧　客

顧客 ID	顧客名	ポイント残高
1	佐藤	400
2	田中	100
3	田中	500

(a)

$\pi_{顧客\ ID,\ 顧客名}(顧客)$

顧客 ID	顧客名
1	佐藤
2	田中
3	田中

(b)

$\pi_{顧客名,\ ポイント残高}(顧客)$

顧客名	ポイント残高
佐藤	400
田中	100
田中	500

(c)

$(\pi_{顧客\ ID,\ 顧客名}(顧客)) \bowtie (\pi_{顧客名,\ ポイント残高}(顧客))$

顧客 ID	顧客名	ポイント残高
1	佐藤	400
2	田中	100
2	田中	500
3	田中	100
3	田中	500

(d)

図 5.1　情報損失分解

$$(\pi_{顧客\ ID,\ 顧客名}顧客) \bowtie (\pi_{顧客\ ID,\ ポイント残高}顧客)$$

は，もとの関係「顧客」と一致することが容易に確認できる．

　では，もとの関係「顧客」を図 5.1(b) (c) の 2 つの関係に分解する場合と，図 5.2(a) (b) の 2 つの関係に分解する場合では何が異なるのであろうか．

　ここで，もとの関係「顧客」上で成立する関数従属性を考えてみよう．この関係では，以下の関数従属性が成立する．

$$顧客 ID \rightarrow 顧客名 \tag{5.1}$$

$$顧客 ID \rightarrow ポイント残高 \tag{5.2}$$

第 5 章　概念スキーマ設計

$\pi_{\text{顧客 ID, 顧客名}}(\text{顧客})$

顧客 ID	顧客名
1	佐藤
2	田中
3	田中

(a)

$\pi_{\text{顧客 ID, ポイント残高}}(\text{顧客})$

顧客 ID	ポイント残高
1	400
2	100
3	500

(b)

図 5.2　情報無損失分解

*1　関数従属性 (5.2) に着目しても同様の議論が行える.

　このうち，関数従属性 (5.1) に着目すると[*1]，図 5.2(a) の関係は，この関数従属性の両辺に現れる属性集合からなり，図 5.2(b) の関係は，この関数従属性の左辺に現れる属性集合 { 顧客 ID } と，この関数従属性に現れない属性集合 { ポイント残高 } からなることがわかる.

　実は，このように一般に，関数従属性が成立する関係はある規則にしたがった 2 つの関係に射影すると情報が失われない．すなわち，次の定理が成立する.

定理 5.1.1　属性集合 U 上の関係 I で，関数従属性 $X \to Y$ が成立するならば

$$I = (\pi_{XY}I) \bowtie (\pi_{X(U-Y)}I)$$

が成立する.　　　　　　　　　　　　　　　　　　　　　　　　□

*2　一般には，$X \cap Y \neq \emptyset$ の場合もありうることに注意.

*3　後述するように，より一般には，情報無損失分解は 3 つ以上の関係への分解の場合にも定義されている.

*4　information lossless decomposition

　この定理は，関係の上で，ある関数従属性が成立する場合はその関係を次のようなより属性数の少ない 2 つの関係に射影してもその情報は失われず，それら 2 つの関係を結合することにより，もとの関係を復元できることを表している.

- 関数従属性の両辺 (XY) からなる関係
- 関数従属性の左辺 (X) と右辺以外の属性 ($U - Y$) からなる関係[*2]

　このように，ある関係を，その情報を失うことなく 2 つ[*3]の関係に（垂直）分解することを**情報無損失分解**[*4]と呼ぶ．すなわち，

118

関数従属性に基づく上記の分解は情報無損失分解となる.

定理 5.1.1 は，関数従属性を用いたスキーマ設計の基礎となっている.

(ii) 一貫性制約としての関数従属性

図 5.3 の関係「大学」を考える．属性「年齢」は学生の年齢を表すとする．この関係には，次の 4 つの関数従属性が成立する[*1].

> FD_1: 学生，科目 → 先生
> FD_2: 学生 → 年齢
> FD_3: 先生 → 給料
> FD_4: 科目，給料 → 先生

この関係が表す情報の意味を考えた場合，これらのうち，FD_1，FD_2，FD_3 は，この関係が更新された場合でも必ず成立すると考えることができる．すなわち，これら 3 つの関数従属性は，この関係インスタンスのみで成立するものではなく，関係スキーマの一貫性制約とみなせる.

それに対し，FD_4 の場合は，偶然この関係インスタンスでは成立しているが，（例えば松岡先生の給料が 400 に更新されたなど）内容が更新された場合には成立しなくなる．すなわち，FD_4 は，関係スキーマの一貫性制約としての関数従属性ではなく，偶然このインスタンスで成立している関数従属性であると考えるのが妥当で

*1 FD は関数従属性の略記である（115ページの定義 5.1.1 参照）.

大学

学生	科目	年齢	先生	給料
鈴木	言語理論	20	佐藤	400
鈴木	人工知能	20	田中	400
鈴木	データベース	20	田中	400
山田	言語理論	19	佐藤	400
山田	データベース	19	松岡	300
川上	人工知能	22	田中	400
川上	データベース	22	松岡	300

図 5.3　関数従属性が成立する関係「大学」

第5章 概念スキーマ設計

ある.

このように，ある関係インスタンスに成立する関数従属性には，その関係スキーマの一貫性制約としての関数従属性と，そのインスタンスでは成立するが他のインスタンスでは必ずしも成立しない関数従属性[*1] の2種類がある.

*1 最も極端な場合として，組を1個しかもたない関係の上では，任意の関数従属性が成立する.

例 5.1.2　　図 5.3 の関係は，関係スキーマ

$$（\textbf{大学} (学生, 科目, 年齢, 先生, 給料), \{FD_1, FD_2, FD_3\}）$$

のインスタンスであり，このインスタンスではさらに FD_4 が成立するとみなせる.　　　　　　　　　　　　　　　　　　　　　　□

(iii) 関数従属性の論理的含意[※]

図 5.3 の関係「大学」には，FD_1 から FD_4 までの4つの関数従属性のほかにも，これらの関数従属性が成立している場合には必ず成立する他の関数従属性がある．例えば，FD_1 と FD_3 が成立している関係では必ず

$$学生, 科目 \rightarrow 給料$$

という関数従属性が成立する.

このように，ある関数従属性集合を満足する関係は，必ず，別の関数従属性も満足する場合がある．この性質は，一般的にはデータ従属性間の論理的含意として定義できる.

定義 5.1.2　属性集合 U 上の関係で成立するデータ従属性の集合 Σ_1, Σ_2 を考える．U 上の関係のうち Σ_1 を満足するものは必ず Σ_2 を満足するとき，またそのときに限り，Σ_1 は (U 上で) Σ_2 を**論理的に含意する**といい，それを

$$\Sigma_1 \models_U \Sigma_2$$

のように表す.

ある1つのデータ従属性 σ に対しても，論理的含意性 $\Sigma_1 \models_U \sigma$

を同様に定義できる.

また,$\Sigma_1 \models_U \Sigma_2$ と $\Sigma_2 \models_U \Sigma_1$ が同時に成立するとき,Σ_1 と Σ_2 は**等価**であるという. □

例 5.1.3

例えば,先の例は,論理的含意性の概念を用いて

$$\{\,学生,科目 \to 先生,\ \ 先生 \to 給料\,\} \models_U \{\,学生,科目 \to 給料\,\}$$

のように表現できる.また,この場合,含意される関数従属性集合は要素が 1 つのみであるため,

$$\{\,学生,科目 \to 先生,\ \ 先生 \to 給料\,\} \models_U\ 学生,科目 \to 給料$$

のように表現してもよい.ここで,U は属性集合 {\,学生,年齢,科目,先生,給料\,} である. □

2 つのデータ従属性集合 Σ_1,Σ_2 に対して $\Sigma_1 \models_U \Sigma_2$ を検査するためには,各 $\sigma\ (\in \Sigma_2)$ に対して,$\Sigma_1 \models_U \sigma$ を検査すればよい.

(iv) 関数従属性の推論則※

ある関数従属性集合 Σ が論理的に含意する関数従属性 σ を求めるためのもう 1 つの方法として,Σ からある規則にしたがって記号的変換を繰り返し,σ を得る方法がある.

このような規則を**推論則**[*1] という.関数従属性の推論則はいくつかのものが知られているが,次にそのうちの 3 つを示す[*2].

> *1 inference rule

> *2 対象とする関係の全属性集合を U とし,X,Y,Z は属性集合とする.

FD 則 1: (反射律)　$Y \subseteq X \subseteq U$ ならば $X \to Y$

FD 則 2: (増加律)　$X \to Y$ かつ $Z \subseteq U$ ならば $XZ \to YZ$

FD 則 3: (推移律)　$X \to Y$ かつ $Y \to Z$ ならば $X \to Z$

次の定理が成立することが知られている.

> *3 この定理は,「推論則の集合 {FD 則 1,FD 則 2,FD 則 3} は,関数従属性のための健全かつ完全な公理系である」と表現することもできる.

定理 5.1.2

関係 I において関数従属性集合 Σ が成立するならば,Σ に論理的に含意される関数従属性の集合と,Σ に上記の 3 つの推論則を繰り返し適用することにより得られる関数従属性の集合は一致する[*3]. □

第 5 章　概念スキーマ設計

例 5.1.4　　例 5.1.2 の関係スキーマ「大学」で成立する 3 つの関数従属性 FD_1, FD_2, FD_3 に上記の推論則を適用すると，次のような一連の関数従属性を得ることができる．

FD_5:　学生, 科目 → 学生, 科目, 先生
　　　　（FD_1 に増加律を適用）

FD_6:　学生, 科目, 先生 → 学生, 科目, 年齢, 先生
　　　　（FD_2 に増加律を適用）

FD_7:　学生, 科目 → 学生, 科目, 年齢, 先生
　　　　（FD_5 と FD_6 に推移律を適用）

FD_8:　学生, 科目, 年齢, 先生 → 学生, 科目, 年齢, 先生, 給料
　　　　（FD_3 に増加律を適用）

FD_9:　学生, 科目 → 学生, 科目, 年齢, 先生, 給料
　　　　（FD_7 と FD_8 に推移律を適用）

なお，FD_9 の右辺は全属性集合であり，さらに左辺からいずれの属性を取り除いても右辺への関数従属性は成立しない．

したがって，属性集合 { 学生, 科目 } は，関係「大学」のキーとなる．　　　　　　　　　　　　　　　　　　　　　　　　　　　□

▌2.　結合従属性と多値従属性※

関数従属性のほかに有用な従属性として，結合従属性がある．

定義 5.1.3　I を属性集合 U 上の関係とし，$X_1, X_2, \ldots, X_n$ $(n \geq 1)$ を，$X_1 \cup X_2, \cup \cdots \cup X_n = U$ なる属性集合とする．

$$I = (\pi_{X_1} I) \bowtie (\pi_{X_2} I) \bowtie \cdots \bowtie (\pi_{X_n} I)$$

*1 join dependency; JD

が成立するとき，またそのときに限り，I 上で**結合従属性**[*1]

$$\bowtie (X_1, X_2, \ldots, X_n)$$

が成立するという．　　　　　　　　　　　　　　　　　　　　　　□

一般には，どのような関係 I でも

$$I \subseteq (\pi_{X_1} I) \bowtie (\pi_{X_2} I) \bowtie \cdots \bowtie (\pi_{X_n} I)$$

が成立するが，必ずしも等号は成立しない．

結合従属性は，「関係をある複数個の関係に分解しても，それら
を結合すると，必ずもとの関係がもっていた情報を復元できる」と
いう性質を表す．

一般にこのような分解を**情報無損失分解**[*1] と呼ぶ．

*1 information lossless decomposition

例 5.1.5　　例えば，図 5.4(a) の関係には結合従属性

$$\bowtie (\{\,業者, 商品\,\}, \{\,商品, 納入先\,\}, \{\,納入先, 業者\,\})$$

が成立する．この関係は，図 5.4(b) の 3 つの関係に情報無損失分
解できる．この例において，結合従属性は

納　入

業者	商品	納入先
A 商社	コーヒー	X
A 商社	ココア	X
C 商事	コーヒー	X
B 商事	ココア	X
A 商社	ココア	Y
B 商事	紅茶	Z
C 商事	コーヒー	Z

(a)

取扱い

業者	商品
A 商社	コーヒー
A 商社	ココア
C 商事	コーヒー
B 商事	ココア
B 商事	紅茶

必要品目

商品	納入先
コーヒー	X
ココア	X
ココア	Y
紅茶	Z
コーヒー	Z

取引関係

納入先	業者
X	A 商社
X	C 商事
X	B 商事
Y	A 商社
Z	B 商事
Z	C 商事

(b)

図 5.4　(a) 結合従属性が成立する関係，および (b) その情報無損失分解

- ある業者 d がある商品 g を扱っている
- ある商品 g をある納入先 r は必要としている
- ある納入先 r とある業者 d は取引関係にある

という 3 つの事実がある場合は，必ず，「納入先 r は業者 d から商品 g の納入を受ける」という事実が成立することを意味する． □

　結合従属性は，「ある関係を複数個の関係に分解しても，その情報が失われない」という性質を表すが，その特殊な場合である 2 つの関係に分解する場合にのみ限定した結合従属性は，多値従属性と呼ばれる．

定義 5.1.4　I を属性集合 U 上の関係とし，X, Y を $X, Y \subseteq U$ なる属性集合とする．

$$I = (\pi_{XY} I) \bowtie (\pi_{X(U-Y)} I)$$

*1　multivalued dependency; MVD

が成立するときまたそのときに限り，I 上で**多値従属性**[*1]

$$X \longrightarrow Y$$

が成立するという． □

　すなわち，定義 5.1.4 は，多値従属性が成立することは，ある関係を 2 つの関係に情報無損失分解できるための必要十分条件であることであるとしている．

　ここで，定義 5.1.4 と定理 5.1.1 (118 ページ) が似ていることに注目してほしい．定理 5.1.1 は，関数従属性が，ある関係を 2 つの関係に情報無損失分解できるための十分条件になっていることを示している．

　したがって，これらを総合すると，関数従属性 $X \rightarrow Y$ が成立すれば，多値従属性 $X \longrightarrow Y$ が成立することがわかる．しかし，一般にその逆は成立しない．つまり，多値従属性 $X \longrightarrow Y$ が成立しても関数従属性 $X \rightarrow Y$ が成立するとは限らない．

　直観的には，多値従属性 $X \longrightarrow Y$ が成立するということは，X の値が 1 つ決まると対応する Y の値は一般に複数個存在しうるが，

その対応関係は，X と残りの属性集合（すなわち $U - Y$）との対応関係とは独立であることを表す．

例 5.1.6　　　例えば，図 5.5(a) の関係には，多値従属性

$$学生 \longrightarrow\!\!\!\longrightarrow クラブ$$

が成立する．したがって，もとの関係を，属性集合 { 学生, クラブ } と { 学生, 科目, 先生 } をもつ 2 つの関係に情報無損失分解できる．
　上記の多値従属性は，学生がどのクラブに所属するかという対応関係は，学生がどの先生のどの科目を履修するかという対応関係とは独立であることを表す．　　　　　　　　　　　　　　　　　　□

クラブ	学生	科　目	先生
サッカー	鈴木	情報基礎	佐藤
サッカー	鈴木	情報基礎	高橋
ジャズ	鈴木	情報基礎	佐藤
ジャズ	鈴木	情報基礎	高橋
野球	田中	ネットワーク	吉田
ジャズ	渡辺	情報基礎	佐藤
ジャズ	渡辺	情報基礎	高橋
ジャズ	渡辺	数学Ⅰ	佐藤

(a)

クラブ	学生
サッカー	鈴木
ジャズ	鈴木
野球	田中
ジャズ	渡辺

(b)

学生	科　目	先生
鈴木	情報基礎	佐藤
鈴木	情報基礎	高橋
田中	ネットワーク	吉田
渡辺	情報基礎	佐藤
渡辺	情報基礎	高橋
渡辺	数学Ⅰ	佐藤

(c)

図 5.5　(a) は多値従属性が成立する関係，および (b)(c) はその情報無損失分解

　定義 5.1.4 より，属性集合 U 上の結合従属性

$$\bowtie (XY, X(U - Y))$$

第 5 章　概念スキーマ設計

と多値従属性

$$X \longrightarrow\!\!\!\!\longrightarrow Y$$

は同じ従属性を表すことがわかる.

多値従属性の推論則や関数従属性と多値従属性が混在する場合の推論則としては，次のものが知られている．ただし，対象とする関係の全属性集合を U とする[*1].

*1　FD は関数従属性（115ページの定義5.1.1），MVD は多値従属性（124ページの定義5.1.4）の略記である.

MVD 則 0　　：$X \longrightarrow\!\!\!\!\longrightarrow Y$ ならば $X \longrightarrow\!\!\!\!\longrightarrow (U - Y)$
MVD 則 1　　：$Y \subseteq X \subseteq U$ ならば $X \longrightarrow\!\!\!\!\longrightarrow Y$
MVD 則 2　　：$X \longrightarrow\!\!\!\!\longrightarrow Y$ かつ $Z \subseteq U$ ならば $XZ \longrightarrow\!\!\!\!\longrightarrow YZ$
MVD 則 3　　：$X \longrightarrow\!\!\!\!\longrightarrow Y$ かつ $Y \longrightarrow\!\!\!\!\longrightarrow Z$ ならば $X \longrightarrow\!\!\!\!\longrightarrow (Z - Y)$
FDMVD 則 1：$X \longrightarrow Y$ ならば $X \longrightarrow\!\!\!\!\longrightarrow Y$
FDMVD 則 2：$X \longrightarrow\!\!\!\!\longrightarrow Y$ かつ $XY \longrightarrow Z$ ならば $X \longrightarrow (Z - Y)$

また，$X \longrightarrow\!\!\!\!\longrightarrow U - X$ は明らかに成立する．これは，定義 5.1.4 に立ち返ると，もとの関係 I を 2 つの関係 $\pi_{X(U-X)}I$ と $\pi_{X(U-(U-X))}I$ に情報無損失分解できることをいっている．前者の関係は，$\pi_U I = I$，後者の関係は，$\pi_X I$ であり $I \bowtie (\pi_X I) = I$ となり，この情報無損失分解が成立することがわかる.

$Y \subseteq X \subseteq U$ の場合の $X \longrightarrow\!\!\!\!\longrightarrow Y$（すなわち，MVD 則 1）も明らかに成立する．これも定義 5.1.4 に立ち返って考えると，2 つの関係 $\pi_{XY}I$ と $\pi_{X(U-Y)}I$ に情報無損失分解できることをいっている．この場合，前者の関係は $\pi_X I$，後者の関係は $\pi_U I = I$ となり，上の場合と同様に，この情報無損失分解が成立することがわかる.

このような多値従属性は**自明な多値従属性**と呼ぶ．また，自明な多値従属性以外の多値従属性を**自明でない多値従属性**と呼ぶ.

例 5.1.7　　　　例えば，図 5.5(c) に示した関係には，自明でない多値従属性として

科目 $\longrightarrow\!\!\!\!\longrightarrow$ 先生

が成立し，したがって，図 5.5(c) の関係は，図 5.6 の 2 つの関係に情報無損失分解できる.

すなわち，もとの図 5.5(a) の関係は，2 つの多値従属性を用い

126

5.2 データ従属性を用いた正規化

学生	科目
鈴木	情報基礎
田中	ネットワーク
渡辺	情報基礎
渡辺	数学 I

科目	先生
情報基礎	佐藤
情報基礎	高橋
ネットワーク	吉田
数学 I	佐藤

図 5.6 図 5.5(c) の関係を多値従属性を用いて情報無損失分解した結果の関係

*1 この定理は、「推論則の集合 {FD 則 1, FD 則 2, FD 則 3, MVD 則 0, MVD 則 2, MVD 則 3, FDMVD 則 1, FDMVD 則 2} は、関数従属性と多値従属性のための健全かつ完全な公理系である。」と表現することもできる。

*2 MVD 則 1 は、FD 則 1 と FDMVD 則 1 から導けるため、不要である。

て，3 つの関係に情報無損失分解できたことになる．したがって，もとの関係には，結合従属性

$$\bowtie (\{ クラブ, 学生 \}, \{ 学生, 科目 \}, \{ 科目, 先生 \})$$

が成立していたことになる． □

関数従属性と多値従属性の推論則については，次のことが知られている．

定理 5.1.3 関係 I において関数従属性と多値従属性の集合 Σ が成立するならば，次の 2 つの集合は一致する *1*2．
- Σ に論理的に含意される関数従属性，多値従属性の集合
- Σ に FD 則 1, FD 則 2, FD 則 3, MVD 則 0, MVD 則 2, MVD 則 3, FDMVD 則 1, FDMVD 則 2 を繰り返し適用することにより得られる関数従属性，多値従属性の集合

□

5.2 データ従属性を用いた正規化

本節では，一貫性制約としてのデータ従属性を利用した代表的なスキーマ設計法について論じる．

これらの設計法はいずれも次のような基本方針をもつ．

- まず，必要な属性をすべてもつ単一の関係スキーマからなるデータベーススキーマを仮定し，それを改良することによっ

第5章 概念スキーマ設計

て「正規形」と呼ばれる望ましい性質をもつ，いくつかの関係スキーマからなる関係データベーススキーマを求める．

- 各関係スキーマの意味的制約は，関数従属性と結合従属性のみからなると仮定している．

データ従属性を用いた設計法としては，データベースが対象とする全属性からなる関係を考え，それを射影操作によって分解し，より小さな関係を求めていく分解法や，属性間に成立するすべての関数従属性を統合し，その両辺に対応する関係スキーマをつくる合成法などが知られている．

本節では，まずスキーマ設計の過程においてスキーマの変換を行う場合，変換後のスキーマが満足すべき基準について述べ，次に関数従属性を用いた分解法と合成法を説明し，最後に多値従属性，結合従属性を用いた設計法を簡単に述べる．

1. 関係データベーススキーマの変換

本節で述べるスキーマ設計法は，ある単一の関係スキーマ (R とする) を変換し，別の複数個の関係スキーマの集合 ($\{R_1, R_2, \ldots, R_n\}$ とする) に置き換える操作が基本となっている．

この際，$\{R_1, R_2, \ldots, R_n\}$ は次のような基準を満足することが望ましい．

(i) R と $\{R_1, R_2, \ldots, R_n\}$ のもつデータ内容は等しい．

(ii) R と $\{R_1, R_2, \ldots, R_n\}$ の保持する一貫性制約は等しい．

(iii) $\{R_1, R_2, \ldots, R_n\}$ ではデータの冗長性や更新に伴う問題[*1]が生じない[*2]．

*1 更新時異常と呼び，130ページで説明する．

*2 このことを保証するために，関係スキーマに関して，正規形という概念が導入された．

R から $\{R_1, R_2, \ldots, R_n\}$ を得るためには射影が，またその逆のためには結合が用いられる．

上記 (i) のデータ内容が等しいことを保証するためには，$\{R_1, R_2, \ldots, R_n\}$ が R の情報無損失分解となっている必要がある．

また，(ii) については，$\{R_1, R_2, \ldots, R_n\}$ で保持されるデータ従属性の集合と，R のデータ従属性が等価である必要がある．ここで，あるデータ従属性が $\{R_1, R_2, \ldots, R_n\}$ で保持されるために

は，そのデータ従属性に現れる属性をすべて含むある関係スキーマ R_i ($i \in \{1, 2, \ldots, n\}$) が存在する必要がある．

一般には，上記の基準すべてを満足することは必ずしも可能ではなく，各設計法によって上記の基準のうち重点を置くものが異なる．分解法はデータ内容の保持と正規形に重点を置き，合成法はデータ内容の保持と意味制約の保持に重点を置いた設計法である．

2. 分解法を用いたボイス–コッド正規形への情報無損失分解

(i) 分解法を用いたスキーマ設計の例

例えば，例 5.1.2（120 ページ）の関係スキーマ「**大学**」のみからなるデータベーススキーマを考え，これを出発点として分解法に基づいて，より望ましいデータベーススキーマを設計することを考える．

関係スキーマ「**大学**」には，意味制約として，3 つの関数従属性 FD_1, FD_2, FD_3 が与えられている．これらの関数従属性は，図 5.7 に示されるような **FD ダイアグラム**[*1] によって表現できる[*2]．

*1 FD diagram

*2 このダイアグラムにおいて線で囲った属性集合はキーを表すものとする．一般に，左辺に 2 つ以上の属性をもつ関数従属性が複数個ある場合は，キーの属性集合は太線で囲み，区別するものとする．

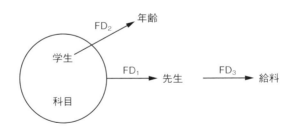

図 5.7 FD ダイアグラム

FD_2 と FD_3 は，キーを左辺とせず，しかも自明でない関数従属性である．

先に示した図 5.3 は，この関係スキーマのインスタンスの例である．FD_3 に起因してこの関係は次のような問題点をもつ．

1. 先生が担当する科目や，それを履修する学生ごとに，先生の

第 5 章　概念スキーマ設計

*1　例えば，「田中先生の給料は 400 である」というデータを 3 か所で記録しており，冗長である．

*2　これらを**更新時異常**[*3] と呼ぶ．

*3　update anomaly

*4　insertion anomaly

*5　deletion anomaly

給料が重複して記録される[*1].

2. 更新に伴う次のような問題[*2] を生じる.

(a) **挿入時異常**[*4] と呼ばれる，組の挿入に伴って生じる不都合な事象が生じる.

　　すなわち，学生のある科目の履修に関する組を挿入するためには，その科目を担当している先生の給料を知る必要がある. また，新たな先生の給料を登録するためには，その先生は必ず何かの科目を担当しなければならない.

　　例えば学生「山田」が新たに田中先生の「人工知能」の講義を履修する場合には，(山田, 人工知能, 19, 田中, 400) という組を挿入する必要があり，先生の給料を知らなければ，学生がその先生の講義を履修するという情報をデータベースに格納できないことになり，不自然である.

　　この場合，田中先生の給料がわからないときは空値にしておくことにより解決することもできる. しかし，例えば斉藤という先生の給料が 600 であるという情報をデータベースに格納したい場合，この先生が今年度は講義を担当していないとすると，学生，科目，年齢の値を空値とした組 (, , , 斉藤, 600) を挿入することになるが，キーの値が空である組は関係に挿入することはできない.

　　したがって，講義を担当していない先生の給料に関するデータは，データベースに挿入できないことになる.

(b) **削除時異常**[*5] と呼ばれる，組の削除に伴って生じる不都合な事象が生じる.

　　利用者が意図したよりも多くの情報が削除操作により消失することになる.

　　佐藤先生が言語理論の担当をやめる場合のように，ある先生が唯一担当していた科目の担当をやめると，その先生の給料の情報が失われる.

3. (山田, 人工知能, 19, 田中, 500) のように FD_3 を満たさな

5.2 データ従属性を用いた正規化

くなるような組が挿入されたとしても，それをキー値の重複
のみによって検出することはできず，結果的に，このような
組の挿入の拒否は困難である．

　以上の諸問題は，先生の給料に関する人事情報と，学生や講義に
関する学務情報という本来，異質な情報を 1 つの関係に記録しよう
としたために生じた問題であるといえる．

　このような問題を避けるためには，これらの情報をそれぞれ別々
の関係で記録すればよい．そのためには，定理 5.1.1 (118 ページ)
に基づき，関係スキーマ「**大学**」を，FD$_3$ を用いて 2 つの関係ス
キーマ

- (**人事** (先生, 給料), {FD$_3$})
- (**学務** (学生, 科目, 年齢, 先生), {FD$_1$, FD$_2$})

に情報無損失分解すればよい．図 5.3 の関係をこのように情報無損
失分解して得られる 2 つの関係を図 5.8 に示す．

人　事

先生	給料
佐藤	400
田中	400
松岡	300

(a)

学　務

学生	科　目	年齢	先生
鈴木	言語理論	20	佐藤
鈴木	人工知能	20	田中
鈴木	データベース	20	田中
山田	言語理論	19	佐藤
山田	データベース	19	松岡
川上	人工知能	22	田中
川上	データベース	22	松岡

(b)

図 5.8　関係「大学」を情報無損失分解して得られる 2 つの関係

第5章　概念スキーマ設計

　図 5.8 の 2 つの関係では，前述の諸問題が解消されていることを確認されたい．

　以上のように，1 つの関係スキーマ「**大学**」よりも，2 つの関係スキーマ「**人事**」と「**学務**」のほうが，より望ましいスキーマであるといえる．

　しかし，関係「学務」には，関係「大学」に存在していたものと同様な次のような問題点がある．

1. 学生が履修する科目ごとに学生の年齢が重複して記憶される．
2. 次のような更新時異常が存在する．

   (a) 挿入時異常
       新たな学生を登録するためには，その学生は必ず何かの科目を履修しなければならない．
   (b) 削除時異常
       ある学生が唯一履修していた科目の履修をやめると，その学生の年齢の情報が失われる，

3. この関係に，新たに組 (山田, 人工知能, 20, 田中) が挿入されると，挿入後の関係ではキー制約は満たされるが，FD_2 が成立しなくなり矛盾を生じることとなる．これは，FD_2 の左辺がキーと一致しておらず，FD_2 をキーの検査によって保持できないことに起因している．

　これは，学生の年齢に関する情報と履修に関する情報という本来，異質な情報を 1 つの関係に記録しようとしたために生じた問題であるといえる．そこで，先の「**大学**」のときと同様に，今度は関係スキーマ「**学務**」を，FD_2 を用いて，次の 2 つの関係スキーマに情報無損失分解すればよい．

- (**学籍** (学生, 年齢), $\{FD_2\}$)
- (**履修** (学生, 科目, 先生), $\{FD_1\}$)

　図 5.9 に，図 5.8(b) の関係「学務」を，このように情報無損失分

5.2 データ従属性を用いた正規化

履 修

学生	科 目	先生
鈴木	言語理論	佐藤
鈴木	人工知能	田中
鈴木	データベース	田中
山田	言語理論	佐藤
山田	データベース	松岡
川上	人工知能	田中
川上	データベース	松岡

(b)

学 籍

学生	年齢
鈴木	20
山田	19
川上	22

(a)

図 5.9 関係「学務」を情報無損失分解して得られる 2 つの関係

解して得られる 2 つの関係「学籍」と「履修」を示す．

これら 2 つの関係では，上記の諸問題は解消されており，データ
を 1 つの関係「学務」のみで記録する場合に比べると，2 つの関係
「学籍」と「履修」では，上述のような不整合は生じず，より望まし
いスキーマであるといえる．

以上，関係スキーマ「**大学**」からはじめ，関数従属性を用いた情
報無損失分解により，最終的に 3 つの関係スキーマ「**人事**」「**学籍**」
「**履修**」を得た．

この過程を俯瞰する図を図 5.10 に示す．図において，枝分かれ
の箇所には，情報無損失分解に用いた関数従属性を明示している．
また，FD ダイアグラムを囲む長方形内の右下には，そのスキーマ
がどの正規形（後述）かを示す．

(ii) ボイス–コッド正規形

一般には，関数従属性に基づく次のような望ましいスキーマの性
質が，正規形という概念として定義されている．

定義 5.2.1 関係スキーマ R において成立するどのような自明
でない関数従属性 $X \to Y$ に関しても，X が R のキーと等しい
か，またはそれを含むとき，R は**ボイス–コッド正規形**[*1] である
という． □

*1 Boyce–
Codd normal
form; BCNF

第 5 章 概念スキーマ設計

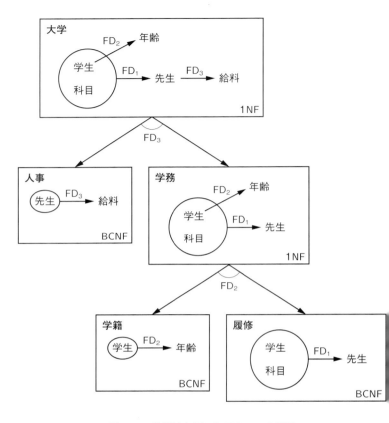

図 5.10 分解法を用いたスキーマの設計

一般には，キーが複数個存在する場合があることに注意が必要である．

前述の情報無損失分解の結果得られた関係スキーマ「**人事**」「**学籍**」「**履修**」はすべてボイス–コッド正規形となっている．

ボイス–コッド正規形の関係スキーマは，「あるインスタンスが一貫性制約として与えられたすべての関数従属性を満足していることを保証する」ためには，「各キーに対して，そのインスタンス内でキー属性の値が重複していないことを保証すればよい」ことを意味し，その点で非常に望ましい性質であるといえる．

第 7 章で説明するように，一般に，関係の各組は主キーの値をもとにファイルに格納されているため，通常この検査は容易かつ自然に行うことができる（207 ページのコラム参照）．

それに対して，関係スキーマ「履修」と同じ属性集合をもつが，一貫性制約として，さらにボイス–コッド正規形の定義に反する関数従属性「先生 → 科目」をもつ関係スキーマ

(**講義** (学生, 科目, 先生), {{ 学生, 科目 } → 先生, 先生 → 科目 })

を考える．

図 5.9(b) の関係では，田中先生がデータベースと人工知能の 2 科目を教えており，この新たに与えられた関数従属性を満足していないが，このように関係が一貫性制約を満足しなくなるのを防ぐのは困難となる．

はじめに，関係がこの関数従属性を満足していると仮定し，新たに組が挿入されるとき，挿入後も関係がこの関数従属性を満足することを保証するためには，挿入される組と属性「先生」の値が等しい組がないことを確認するか，もしそのような組があるならば，そのうちの 1 つを検索し，属性「科目」の値が新たに挿入される組の科目の値と等しいことを確認する必要があり，そのためのコストがかかる．

したがって，概念スキーマ設計に際しては，実世界のデータの一貫性制約をできる限り多く，キーを左辺とする関数従属性によって表現することが重要である．

(iii) 分解アルゴリズム

分解法と呼ばれるスキーマ設計法は，これまで述べてきたように，データベースが対象とする全属性と，そのうえで成立する関数従属性集合からなる関係スキーマを考え，それを関数従属性を利用して情報無損失分解する操作を繰り返して，最終的にボイス–コッド正規形のように望ましい形をもつ関係スキーマの集まりを得る設計法である．

それでは，一般に任意の属性集合と関数従属性集合から出発し，必ず最終的にすべての関係スキーマがボイス–コッド正規形となる

第5章　概念スキーマ設計

アルゴリズム BCNF–DECOMPOSE

入力: ある関係スキーマ $((U), \Sigma)$
　　　ただし U は属性集合, Σ は関数従属性集合

出力: $((U), \Sigma)$ の情報無損失分解により得られるボイス–コッド正
　　　規形の関係スキーマの集合

変数: 関係スキーマの集合 **R**

1. $\mathbf{R} := \{((U), \Sigma)\}$
2. **R** 中のすべての関係スキーマがボイス–コッド正規形になるま
　　で以下を繰り返す.
　　2–1. **R** 中の関係スキーマのうち, ボイス–コッド正規形でない
　　　　ものを取り出す (それを $((V), \Sigma')$ とする).
　　2–2. V において $\Sigma' \models_V X \to Y$ であるような, ボイス–コッド
　　　　正規形の条件に反する, 自明でない関数従属性 $X \to Y$ を
　　　　選ぶ[*1]. ボイス–コッド正規形の定義から, X はキーでは
　　　　なく, キーを含む属性集合でもない. したがって,
　　　　$Z(= V - XY)$ は空集合ではない.
　　2–3. **R** から $((V), \Sigma')$ を削除し, かわりに $((XY), \Sigma'_1)$ と
　　　　$((XZ), \Sigma'_2)$ を **R** に含める.
　　　　ただし, Σ'_1, Σ'_2 は Σ' 内の関数従属性のうち, 両辺の属性
　　　　集合の和がそれぞれ XY, XZ の部分集合であるものから
　　　　なる.
　　2–4. **R** 中に $W \subseteq W'$ なる 2 つの関係スキーマ $((W), \Sigma_W)$ と
　　　　$((W'), \Sigma'_W))$ が存在すれば, $((W), \Sigma_W)$ を削除する.
3. **R** を出力とする.

---

*1 ここで, $X \cap Y = \emptyset$ であり, Y はこの条件を満足する属性集合のうち最大のものとする.

図 5.11　ボイス–コッド正規形スキーマを求める分解アルゴリズム

ような情報無損失分解は可能なのであろうか.

　この問いに対しては肯定的な答えがあり, 図 5.11 のアルゴリズ
ム BCNF–DECOMPOSE がボイス–コッド正規形の関係への分解
法を与える[*2].

　このアルゴリズムは, ボイス–コッド正規形を満たさない関係ス
キーマが存在すれば, 定義からその関係スキーマには「X がキーと
等しいか, またはそれを含む」という条件を満足しない, 自明でな

*2 図5.11以降, 属性集合 U と意味的制約の集合 Σ をもつ関係スキーマは, 関係名を特に考慮しない場合は, $((U), \Sigma)$ のように表記することにする.

い関数従属性 $X \to Y$ が存在するため，そのような関数従属性を用いて関係を情報無損失分解し，最終的にすべての関係スキーマがボイス–コッド正規形になるまでそれを繰り返す．

先に，120 ページの関係スキーマ「**大学**」から出発し，情報無損失分解を繰り返す例を詳しく説明した．この例の場合は，「**大学**」で成立していた関数従属性 FD_1, FD_2, FD_3 がそれぞれ分解後の関係スキーマ「**履修**」「**学籍**」「**人事**」で保持されている．「**大学**」から出発し，FD_2, FD_3 の順で関数従属性を用いて情報無損失分解を行っても，最終的に図 5.10 の場合と同じ，3 つの関係スキーマを得ることが確認できる（後述の図 5.16 参照）．この例の場合，関係スキーマ「**大学**」において，FD_1 は左辺がキーでありボイス–コッド正規形の条件に反していないため，アルゴリズム BCNF–DECOMPOSE のステップ 2–2 で選ばれないことに注意されたい．

アルゴリズム BCNF–DECOMPOSE は，もとの関係スキーマの関数従属性集合 Σ の保持については何の考慮も払っていないことに注意が必要である[*1]．すなわち，アルゴリズムのステップ 2–2 における関数従属性の選択によっては分解後の関係スキーマで関数従属性を保持できない場合があり，注意を要する．

*1 アルゴリズム BCNF–DECOMPOSE は，関数従属性を保持する情報無損失分解が存在する場合でも必ずしもそれを出力とせず，関数従属性を保持しない情報無損失分解を出力する場合がある．

例 5.2.1 関係スキーマ

$$((ABCDE), \Sigma = \{AB \to C, A \to D, D \to E\})$$

（図 5.12 に FD ダイアグラムを与える）に対してアルゴリズム BCNF–DECOMPOSE を適用した場合，ステップ 2–2 で選ばれる可能性がある関数従属性は，$A \to D, D \to E$ と Σ から論理的に含意される $A \to E$ である．

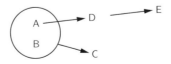

図 5.12 関数従属性の利用順により関数従属性の保持ができない場合がある関係スキーマの FD ダイアグラム

第5章　概念スキーマ設計

- $D \to E$ と $A \to D$ をこの順に用いて情報無損失分解すると
  - $(DE), \{D \to E\}$
  - $(AD), \{A \to D\}$
  - $(ABC), \{AB \to C\}$

の3つの関係スキーマが得られ，もとの3つの関数従属性が保持できる．それに対し

- まず，$A \to D$ を用いて情報無損失分解した場合には
  - $(AD), \{A \to D\}$
  - $(ABCE), \{AB \to C, A \to E\}$

の2つの関係スキーマが得られる．次に後者を $A \to E$ を用いて情報無損失分解すると

  - $(AE), \{A \to E\}$
  - $(ABC), \{AB \to C\}$

の2つの関係スキーマを得るが，最終的に求められる3つの関係スキーマのいずれでも，$D \to E$ を保持できない．

□

　以上のことから，アルゴリズム BCNF–DECOMPOSE を用い，情報無損失分解をした結果のスキーマがなるべく従属性も保存するようにするためには，ステップ 2–2 において，FD ダイアグラム内でキー属性から離れた位置の関数従属性を選ぶほうがよい，というヒューリスティックスを考えることができる．

　それでは，一般に任意の属性集合と関数従属性集合から出発し，必ず最終的にすべての関係スキーマがボイス–コッド正規形となり，しかもすべての関数従属を保持できるような情報無損失分解は可能なのであろうか．次にこの問題を考える．

(iv) キー破壊的な関数従属性

　実は，一般には，ある関係スキーマで成立する関数従属性集合を保持したまま，ボイス–コッド正規形の関係に情報無損失分解することが不可能な場合がある．

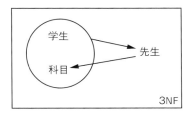

図 5.13 キー破壊的な関数従属性

講義

学生	科目	先生
鈴木	言語理論	佐藤
鈴木	人工知能	田中
鈴木	データベース	吉田
山田	言語理論	佐藤
山田	データベース	松岡
川上	人工知能	田中
川上	データベース	松岡

(a)

講義 1

科目	先生
言語理論	佐藤
人工知能	田中
データベース	吉田
データベース	松岡

講義 2

学生	先生
鈴木	佐藤
鈴木	田中
鈴木	吉田
山田	佐藤
山田	松岡
川上	田中
川上	松岡

(b)

図 5.14 分解により関数従属性の保持ができなくなる例

例 5.2.2   関係スキーマ

(**講義** (学生, 科目, 先生), {{ 学生, 科目 } → 先生, 先生 → 科目 })

を考える．図 5.13 はこのスキーマの FD ダイアグラムであり，図 5.14(a) はインスタンス例である．

この関係スキーマのキーは { 学生, 科目 } と { 学生, 先生 } であるため，関数従属性

$$先生 \rightarrow 科目$$

の左辺がどちらのキーとも等しくなく，また，それらを含んでもいない．

したがって，この関係スキーマはボイス–コッド正規形ではない．そこで，関数従属性

$$先生 \rightarrow 科目$$

を用いて情報無損失分解を行うと，2 つの関係スキーマ

(**講義 1**(科目, 先生), { 先生 → 科目 })
(**講義 2**(学生, 先生), {})

が得られ（図 5.14(b) はインスタンス例），これらはいずれもボイス–コッド正規形である．

しかし，今度は，分解後のいずれの関係スキーマも，もとのスキーマ上で成立していた関数従属性

$$\{ 学生, 科目 \} \rightarrow 先生$$

の両辺を合わせた属性集合 { 学生, 科目, 先生 } を含まないため，この関数従属性を保持できなくなる．

すなわち，この場合，関係「**講義 2**」の一貫性制約は空集合であるため，キーは全属性集合 { 学生, 先生 } であり，新たな組として例えば，(鈴木, 松岡) を挿入した後の関係も一貫性制約を満足する．しかし，関係「**講義 1**」と，この組の挿入後の関係「**講義 2**」を自然結合した関係上には，(鈴木, データベース, 吉田) と (鈴木, データベース, 松岡) という 2 つの組が存在し，関数従属性

$$\{ 学生, 科目 \} \rightarrow 先生$$

が成立しない．すなわち，分解後の 2 つの関係それぞれにおいて，その関係の一貫性制約を満足するように関係の更新を許したとしても，もとの関係「**講義**」で成立していた関数従属性を保持できない．

□

5.2 データ従属性を用いた正規化

このように，分解法を用いた設計では，一般に情報の等価性は保証されるが，分解後の関係間にまたがる関数従属性が存在する場合は，それを保存できないという問題点がある．

関係スキーマ「**講義**」がボイス-コッド正規形の定義を満たさないのは関数従属性

$$先生 \rightarrow 科目$$

が存在するためである．この関数従属性の右辺は「**講義**」のあるキーの真部分集合となっている．このような関数従属性は**キー破壊的**であると呼ばれる．

▍3. 第 3 正規形

「**講義**」のような関係スキーマは，関数従属性を保持しようとするとこれ以上分解ができない．しかし，「**講義**」自身はボイス-コッド正規形ではない．そこで，より制限のゆるい正規形として，第 3 正規形が定義されている．

定義 5.2.2 関係スキーマ R において成立するどのような自明でない関数従属性 $X \rightarrow A$ に関しても，X が R のキーと等しいか，またはそれを含む，または A が R のキー属性のとき，R は**第 3 正規形**[1] であるという． □

*1 third normal form; 3NF

例 5.2.2 の関係「**講義**」は第 3 正規形である．定義 5.2.1 (133 ページ) と定義 5.2.2 を比べるとわかるように，ある関係スキーマがボイス-コッド正規形であれば，必ず第 3 正規形である．

▍4. 第 2 正規形※

これまで第 1 正規形（45 ページ）と第 3 正規形の説明を行った．それらの中間の性質をもつ第 2 正規形も Codd により定義されたが，分解法を用いてボイス-コッド正規形または第 3 正規形を得るための途中段階としての役割をもつだけであり，その重要性は低い．

第 2 正規形は第 3 正規形の条件を緩和し，関係スキーマ上に成立

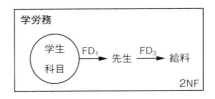

図 5.15　第 2 正規形の関係スキーマ

する関数従属性として左辺がキーの部分集合でないものはすべて許す．例えば，図 5.10 に示した関係スキーマ「**大学**」は，FD_2 の左辺がキーの部分集合であるため，第 2 正規形ではない．

FD_2 を取り除いた図 5.15 の関係スキーマ「**学労務**」は第 2 正規形である．次に第 2 正規形の定義を与える．

定義 5.2.3　関係スキーマ R において成立するどのような自明でない関数従属性 $X \to A$ に関しても，X が R のキーと等しいか，またはそれを含む，または A が R のキー属性，または X がキーの部分集合ではないとき，R は**第 2 正規形**[*1]であるという．　□

*1 second normal form; 2NF

関係スキーマ「**学労務**」の FD_3 は左辺がキーの部分集合ではないため，第 2 正規形として許される．

ある関係スキーマが第 3 正規形であれば必ず第 2 正規形であることは定義から明らかである．一般にある関係スキーマが正規形 $\mathcal{N}$ であれば必ず正規形 $\mathcal{N}'$ であることを便宜上 $\mathcal{N} \sqsubseteq \mathcal{N}'$ のように表すものとすると，これまで定義した正規形はまとめて以下のように表せる．

$$\text{BCNF} \sqsubseteq \text{3NF} \sqsubseteq \text{2NF} \sqsubseteq \text{1NF}$$

図 5.16 は，関係スキーマ「**大学**」から出発し，まず FD_2 を用いて分解法を適用する場合の分解過程を表す．この場合は，途中で第 2 正規形である関係スキーマ「**学労務**」が現れるが，最終的には図 5.10 と同じ 3 つのボイス–コッド正規形の関係スキーマが得られる．

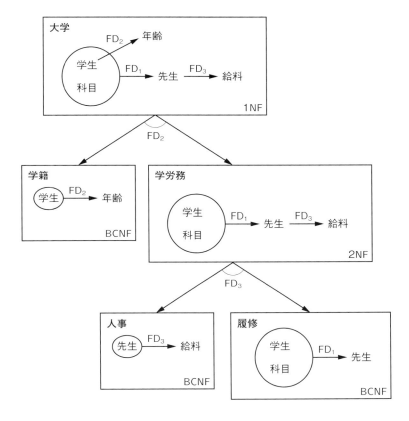

図 5.16　分解法を用いたスキーマの設計
（途中に第 2 正規形の関係スキーマが現れる例）

　これらの例でわかるように，図 5.11 の分解法アルゴリズムを適用すると関数従属性の適用順序によっては途中に第 2 正規形が現れる場合もあるが，それは必須ではない．

5. 情報無損失かつ従属性保存を満たす
第 3 正規形を求める合成法※

　データベースが対象とする全属性集合と，その上の関数従属性集合からなる関係スキーマが与えられたとき，もとの関係の情報無損

第5章 概念スキーマ設計

失分解であり，しかもすべての関数従属性を保存するいくつかの第3正規形関係スキーマを求めるための，**合成法**と呼ばれる設計アルゴリズムが知られている．

次に，合成法設計アルゴリズムを説明するために，まず，極小な関数従属性集合という概念を定義する．

定義 5.2.4 次の3つの条件を満足するとき，関数従属性の集合 Σ は極小であるという．

(1) Σ に属する関数従属性の右辺はすべて単一の属性からなる．

(2) Σ 内のどの関数従属性 $X \to A$ に対しても，集合

$$\Sigma - \{X \to A\}$$

は Σ と等価ではない．

(3) Σ 内のどの関数従属性 $X \to A$ に対しても，また X のどんな真部分集合 Z に対しても，

$$(\Sigma - \{X \to A\}) \cup \{Z \to A\}$$

は Σ と等価ではない．

□

どんな関数従属性集合に対しても，それと等価で極小な関数従属性集合が存在し，それを求めるための多項式時間アルゴリズムが存在することが容易に確かめられる．

合成法では，全属性集合 U とその上で成立する関数従属性集合 Σ が与えられたとき，図 5.17 のアルゴリズムでスキーマの設計を行う．このアルゴリズムでは，まず与えられた関数従属性集合と等価で極小な関数従属性集合を求め，次に各関数従属性の両辺の属性集合を合成して関係スキーマをつくる．したがって，当然，与えられた関数従属性はいずれかの関係スキーマで必ず保持される．

これだけでは一般に情報の保存ができるとは限らないため，そのような場合は，最後にもとの全属性集合のキーに対応する関係を追加すれば情報の保存も可能となる．なおアルゴリズムのステップ5

144

5.2 データ従属性を用いた正規化

アルゴリズム 3NF–SYNTHESIS

入力: ある関係スキーマ $((U), \Sigma)$
　　　ただし U は属性集合, Σ は関数従属性集合

出力: 情報無損失かつ従属性保存を満たす第 3 正規形の関係ス
　　　キーマの集合

変数: 関係スキーマの集合 $\mathbf{R}$
　　　属性集合 V

1. $\mathbf{R} := \emptyset$
2. $V := U$
3. Σ と等価で極小な関数従属性集合 Σ_m を求める.
4. 両辺の属性集合の和が V に一致する関数従属性があれば
　 $\mathbf{R} := \mathbf{R} \cup ((V), \Sigma_m)$ とし, $\mathbf{R}$ を出力とする.
5. 4. 以外の場合は, 各 $X \to A \in \Sigma_m$ に対して
　 $\mathbf{R} := \mathbf{R} \cup ((XA), \{X \to A\})$ とする.
6. $\mathbf{R}$ 内の関係スキーマのうち, その属性集合が関係スキーマ
　 $((U), \Sigma)$ のキーを含むものがあれば, $\mathbf{R}$ を出力とする.
7. 6. 以外の場合は, 関係スキーマ $((U), \Sigma)$ のキー K に対して
　 $\mathbf{R} := \mathbf{R} \cup ((K), \emptyset)$ とし, $\mathbf{R}$ を出力とする.

図 5.17　第 3 正規形スキーマを求める合成アルゴリズム

において, 同じ左辺をもつ関数従属性に対応する関係が生成された
場合は, それらを併合して 1 つの関係スキーマにしてもよい.

　このアルゴリズムにより, もとの関数従属性を保存する第 3 正規
形関係の集合が得られることが保証されている.

例 **5.2.3**　　図 5.10 に示したスキーマ「**大学**」の場合は, 分解法
のアルゴリズム BCNF–DECOMPOSE と合成法のアルゴリズム
3NF–SYNTHESIS を適用した場合に, 結果として, 同じ 3 つの関
係スキーマが得られる.　　　　　　　　　　　　　　　　　□

例 **5.2.4**　　例 5.2.2（139 ページ）の関係スキーマ「**講義**」にア
ルゴリズム 3NF–SYNTHESIS を適用すると, 第 3 正規形の関係

スキーマ

($\textbf{講義}$ (学生, 科目, 先生), {{ 学生, 科目 } → 先生, 先生 → 科目 })

を得る. □

▌6.　第 4 正規形と第 5 正規形※

　ボイス–コッド正規形の関係スキーマであっても，自明でない多値従属性が成立している場合は，データの冗長性や更新不整合が生じうるため，多値従属性を用いた情報無損失分解を行うことにより，次に定義する第 4 正規形の関係スキーマを得る.

$\textbf{定義 5.2.5}$　関係スキーマ R は，ボイス–コッド正規形で，かつ，R において成立するどのような自明でない多値従属性 $X \longrightarrow Y$ に関しても，X が R のキーと等しいか，またはそれを含むとき，第 4 正規形[*1] であるという.

□

*1　fourth
normal form; 4NF

　例えば，図 5.18 はある先生が教えている科目，および，その先生の趣味に関する関係表を表している.

先生	科　目	趣味
佐藤	言語理論	盆栽
佐藤	言語理論	散歩
佐藤	言語理論	卓球
田中	データベース	音楽
田中	データベース	登山
田中	人工知能	音楽
田中	人工知能	登山
斉藤	人工知能	散歩
斉藤	人工知能	音楽
斉藤	ＯＳ	散歩
斉藤	ＯＳ	音楽

図 5.18　多値従属性の成立する関係

先生	科　目
佐藤	言語理論
田中	データベース
田中	人工知能
斉藤	人工知能
斉藤	ＯＳ

先生	趣　味
佐藤	盆栽
佐藤	散歩
佐藤	卓球
田中	音楽
田中	登山
斉藤	散歩
斉藤	音楽

図 5.19　多値従属性による分解

　この関係に成立する自明でない関数従属性は存在せず，キーは全属性 { 先生，科目，趣味 } である．したがって，ボイス-コッド正規形となっている．

　しかし，先生 $\longrightarrow\!\!\!\longrightarrow$ 科目が成立し，各先生ごとに科目と趣味のすべての組み合わせが現れており，冗長性が生じている．この多値従属性の左辺はキーの部分集合であり，関係スキーマはこの多値従属性を一貫性制約として含むなら第 4 正規形ではない．この冗長性を除去するためには，この関係を多値従属性をもとに図 5.19 に示す 2 つの関係に分解すればよい．

　分解後の 2 つの関係は，第 4 正規形になっている．

　さらに，第 4 正規形の考えを結合従属性をもとに拡張した第 5 正規形が定義されている．

　V をある関係の全属性集合 U の部分集合とする．このときは結合従属性 $\bowtie (V, U)$ が必ず成立する．このように，どのような関係上でも成立する結合従属性を，**自明な結合従属性**という．

定義 5.2.6　関係スキーマ R は，ボイス-コッド正規形で，かつ，R において成立するどのような自明でない結合従属性に関しても，それが R のキーが表す関数従属性の論理的含意であるとき，**第 5 正規形**[1] であるという．　　　□

[1] fifth normal form; 5NF

例 5.2.5　　　一貫性制約として結合従属性が存在する関係スキーマ

第5章　概念スキーマ設計

(**納入** (業者, 商品, 納入先),
　　　{⋈ ({ 業者, 商品 }, { 商品, 納入先 }, { 納入先, 業者 })}

は，第 4 正規形であるが第 5 正規形ではない．図 5.4(a) の関係は
この関係スキーマのインスタンス例である．

これに対し，3 つの関係スキーマ

- (**取扱い** (業者, 商品), { })
- (**必要品目** (商品, 納入先), { })
- (**取引関係** (納入先, 業者), { })

は，すべて第 5 正規形である．図 5.4(b) の関係はこれらの関係ス
キーマのインスタンス例である．　　　　　　　　　　　　　　　□

これまでに現れた正規形をまとめて 142 ページの記号 ⊑ を用い
て表現すると以下のようになる．

$$5\mathrm{NF} \sqsubseteq 4\mathrm{NF} \sqsubseteq \mathrm{BCNF} \sqsubseteq 3\mathrm{NF} \sqsubseteq 2\mathrm{NF} \sqsubseteq 1\mathrm{NF}$$

■ 5.3　ER モデルの概要

*1　Entity–Relationship Model

ER モデル[1] は，実体関連モデルとも呼ばれ，実世界のすべての
データを**実体**[2] と実体間の**関連**[3] の 2 種類に分類して表現しよ
うとするデータモデルである．

*2　entity

単純なデータモデルであるため，データベースの対象となるデー
タの概念スキーマを最初に設計する際に，よく使われる．

*3　relationship

■ 1.　実　体

実体は，実世界に存在する識別可能な物体や事象である．例え
ば，1 人の学生は 1 つの実体であり，1 つの科目は 1 つの実体で
ある．

*4　entity set

同様の実体の集合を**実体集合**[4] と呼ぶ．実体集合がもつ属性や
一貫性制約を定めたものを**実体型**[5] と呼ぶ．

*5　entity type

実体型は 1 つ以上の**属性**をもつ．例えば，「学生」という実体型

148

5.3 ERモデルの概要

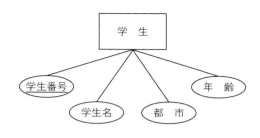

図 5.20 実体型「学生」

は，学生番号，学生名，都市，年齢などの属性をもつ．

関係スキーマの場合と同様に，実体集合中の実体を一意に識別する極小の属性集合を**キー**と呼び，キーが複数存在する場合はそのうちの1つを**主キー**とする．

ERモデルで表したデータベースの型のつながりを示す図を **ER 図**[*1] という．ER 図において実体型は長方形，属性は楕円で表し，主キーを構成する属性は下線で示す．図 5.20 には，実体型「学生」を ER 図で表したものを示す．

*1 ER diagram

2. 関連

関連[*2] は，複数の実体の間のつながりを表す．例えば，学生という実体と科目という実体には，履修や TA[*3] というつながりが考えられる．

*2 relationship
*3 Teaching Assistant

同様の関連の集合を**関連集合**[*4] と呼ぶ．ある関連集合内の関連はそれがつなげている複数個の実体によって一意に識別される．

*4 relationship set

実体型と同様に**関連型**[*5] がある．関連型も属性をもつ場合がある．例えば，履修という関連型には点数という属性が考えられる．

*5 relationship type

1つのデータベースを表現する実体型と関連型を集めたものを **ER スキーマ**[*6] と呼ぶ．例えば，2つの実体型「学生」「科目」と，それらの間の関連型「履修」からなる ER スキーマを表す ER 図は，図 5.21 のようになる．この図にあるように，関連型はひし形で表され，それがつないでいる実体型との間に線を結ぶ．

*6 実体関連スキーマ; ER schema

「学生」「科目」の実体集合，および「履修」の関連集合の例を

149

第 5 章 概念スキーマ設計

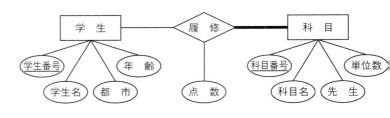

図 5.21　ER 図

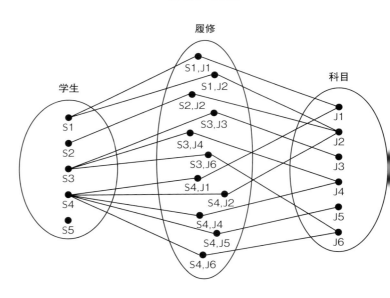

図 5.22　実体集合と関連集合

図 5.22 に示す．この図では，実体や関連を点で表し，実体の場合はその下にキーの値を記している．また，各関連の下はそれがつなげている実体のキーを記している．図を簡潔にするために，主キー以外の属性の値は省略している．

(i) 参加制約

図 5.22 をみると，科目のすべての実体は関連「履修」とのつながりがある．一方，学生の中には関連「履修」とのつながりがない実体[1]がある．

*1　具体的には主キーが "S5" の実体．

5.3 ER モデルの概要

一般に，ある実体型 E の実体集合と，それとつながりをもつ関連型 R の関連集合があり，E の実体集合中の実体は，必ず R の関連集合中のいずれかの関連とつながっていなければならない場合，E の R への参加[*1]は全体的[*2]であるという．

*1　participation

*2　total

それに対し，E の実体集合中の実体のうち，R の関連集合中のどの関連にもつながっていないものを許す場合は，E の R への参加は部分的[*3]であるという．

*3　partial

参加が全体的か部分的かを定める制約を**参加制約**[*4]と呼び，参加制約が全体的な場合は，図 5.21（150 ページ）の右側のように ER 図において対応する実体型と関連型の間の線を太線とする．

*4　participation constraint

(ii) 多重度制約

図 5.22 からわかるように，1 人の学生は複数の科目を履修することができ，逆に，1 つの科目を複数の学生が履修してもよい．すなわち，関連「履修」は，学生と科目の間の多対多の関連である．

一般に，2 つの実体をつなぐ関連は **2 項関連**と呼ぶ．2 項関連の関連型は，2 つの実体間の 1 対 1，1 対多，多対 1，多対多のいずれかの対応関係を表す．

例えば，図 5.23(a) の関連型「所属」は研究室と学生の 1 対多関連である．このことは，1 つの研究室には多数の学生が所属してもよいが，1 人の学生は高々 1 つの研究室にのみ所属することを表す．

また，図 5.23(b) の関連型「首都」は，国家と都市の間の 1 対 1 関連である．ER 図では，1 対多関連の場合は関連型から "1" に対応する実体型への線を矢印にし，1 対 1 関連の場合は関連型から双方への実体型への線を矢印にする．このような，関連型における対応する実体の数に関する制約を**多重度**[*5]**制約**という[*6]．

*5　cardinality

*6　ER図で多重度制約を表す記法として，2 つの実体型の対応関係に応じて実体型と関連型の間の線に "1"，多 (many) を表す文字 "M"（または，任意の自然数 (natural number) を表す "N"）を用いる記法もあるが，3 つ以上の実体型間の関連型の場合に直観的な理解が困難になる．

2 項関連は，参加制約と多重度制約の組合せによりいくつかの場合が考えられ，図 5.23 は，そのうち 2 つの場合を示すものである．

(iii) 3 項以上の関連

一般には，3 つ以上の実体型をつなぐ関連型がある．n 個の実体をつなぐ関連は n **項関連**という．例えば，図 5.24 のように，3 つの実体型として「科目」「教員」「キャンパス」を考え，どの教員がどのキャンパスで開講されるどの科目を担当するかを表す「担当」という関連型を考えることができる．

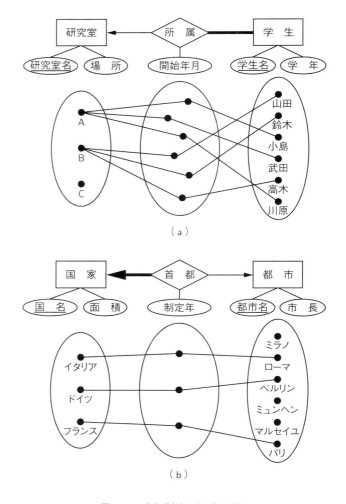

図 5.23　参加制約と多重度制約

2 項関連の場合と同様に，n 項関連 $(n \geq 3)$ の場合も多重度制約を考えることができる．この場合は，矢印が付いていない実体型からそれぞれ 1 つずつ実体を選んで実体の組を 1 つつくると，矢印が付いている実体型の実体が関連集合において高々 1 つだけ存在することを表す．

5.3 ERモデルの概要

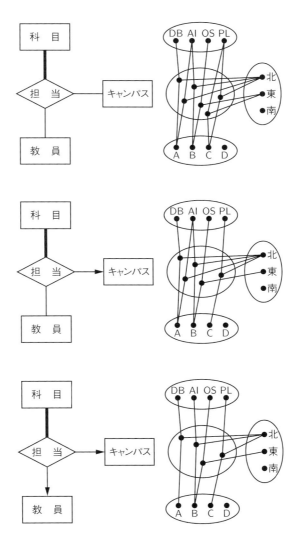

図 5.24 さまざまな多重度制約の 3 項関連

また，すべての実体型に矢印が付いている場合は，任意の 2 つの実体型の間に 1 対 1 の対応関係が存在することを表す．図 5.24 にさまざまな多重度制約の 3 項関連を示す．

第5章 概念スキーマ設計

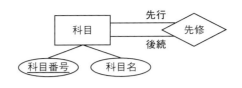

図 5.25 同一実体型間の関連型

(iv) 同一実体型の間の関連型

同一の実体型間に関連型が存在する場合もある．例えば，科目間の先修[*1]条件はそのような関連型の例である．図 5.25 に ER 図を示す．

*1 prerequisite

この例の場合，ある科目は先行して履修すべき科目としてある先修条件に現れているのか，後続して履修すべき科目として現れているのかを区別する必要がある．

*2 role

そのために，ER 図の枝に**役割**[*2]を記入する．図 5.25 では，「先行」と「後続」が役割を示す．

3. 弱実体と弱関連

*3 owner entity
*4 weak entity

自身の属性では一意に識別できず，**所有実体**[*3]と呼ぶ他の実体との関連によって識別できる実体のことを**弱実体**[*4]と呼ぶ．例えば，大学のデータベースにおいて学生の保護者は独立して識別する必要はなく，学生との組合せにより識別できればよい．この場合，保護者は弱実体，学生は所有実体として表現できる．

*5 weak relationship

また，弱実体と所有実体をつなげる関連を**弱関連**[*5]と呼ぶ．

図 5.26 に弱実体型と弱関連型の ER 図を示す．弱実体型と弱関連型はそれぞれ太線の長方形とひし形で表される．保護者の属性「氏名」には点線の下線が引いてある．これは**部分キー**[*6]と呼ばれ，保護者は，所有実体型である学生の主キー（学生番号）と部分キー（氏名）を組み合わせることにより，一意に識別できることを表す．

*6 partial key

弱実体を識別するためには，対応する所有実体が 1 つのみ存在する必要があるため，弱関連型は所有実体型と弱実体型の間の 1 対多，または 1 対 1 関連として定義される．また，弱実体型は所有実

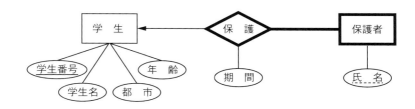

図 5.26 弱実体と弱関連

体型と独立して識別できないため,弱実体型の参加制約は全体的でなければならない.

4. 実体型の IsA 階層

複数の実体型 E_1, E_2 があり,E_1 の実体集合が必ず E_2 の実体集合を包含する場合,E_1 を**上位型**[*1],E_2 を**下位型**[*2] と呼び,2つの実体型の間に階層関係があると考える.

*1 supertype
*2 subtype

ER 図では,"IsA" と記した三角形を2つの実体型の間において階層関係を示す.図 5.27 は,学生を上位型,卒論生を下位型とする階層を示す.このとき,卒論生の実体集合は学生の実体集合に包含される.

下位型の実体は上位型の属性をすべてもつと考える.これを

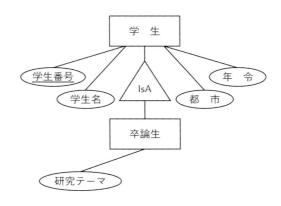

図 5.27 IsA 階層

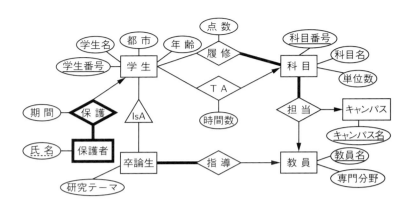

図 5.28 ER 図の例

*1 inheritance

属性の**継承**[*1]と呼ぶ．それに加え，下位型の実体は上位型にはない独自の属性をもってもよい．"IsA" という名称は，一般に
「下位型の実体 is a 上位型の実体」
が成り立つことから名づけられた．

5. ER 図の例

これまで説明した ER モデルの構成要素を組み合わせた ER 図の例を図 5.28 に示す．

6. ER スキーマから関係データベーススキーマへの変換

ER モデルは，データベースで管理しようとするデータ相互の全体的なつながりを俯瞰するのに適したデータモデルであるため，関係データベーススキーマを設計する場合でも，まずデータベース全体の ER 図を描き，その ER スキーマを関係データベーススキーマに変換することがよく行われる．

この節では，ER スキーマから関係スキーマへの変換法を説明する．

(i) 実体型からの変換

実体型からの変換は，実体型の属性やキーをそのまま関係スキーマの属性やキーとすればよい．実体型の名前をそのまま関係名とする．例えば，図 5.21（150 ページ）に示した 2 つの実体型「学生」

「科目」はそれぞれ次の関係スキーマに変換される．

$$\text{学生} (\underline{\text{学生番号}}, \text{学生名}, \text{都市}, \text{年齢})$$
$$\text{科目} (\underline{\text{科目番号}}, \text{科目名}, \text{先生}, \text{単位数})$$

(ii) 関連型からの変換

関連型から変換される関係スキーマの属性は，それがつないでいる実体型の主キーと，関連型自身がもつ属性からなる．例えば，図 5.21 の関連型「履修」の場合，それがつないでいる 2 つの実体型「学生」「科目」の主キーはそれぞれ「学生番号」「科目番号」である．また，関連型「履修」自身は属性「点数」をもつ．したがって，変換後の関係スキーマの属性集合は，{学生番号, 科目番号, 点数} となる．

また，関係スキーマの主キーは，関連の多重度制約によって異なる．例えば，図 5.21 の「履修」は多対多の 2 項関連であるが，この場合は，それがつないでいる 2 つの実体型の主キーを集めたもの[*1]が主キーとなる．したがって，図 5.21 の「履修」の変換後の関係スキーマは，次のようになる．

*1 より正確には，2 つの実体型の主キーを構成する属性集合の和集合．

$$\text{履修} (\underline{\text{学生番号}, \text{科目番号}}, \text{点数})$$

それに対し，図 5.23(a)（152 ページ）に示したように 2 項関連が 1 対多の場合は，関連型に対応する関係スキーマの主キーは，矢印が付いていない実体型の主キーと同じとする．したがって，この場合は，変換後の関係スキーマは次のようになる．

$$\text{所属} (\underline{\text{学生名}}, \text{研究室名}, \text{開始年月日})$$

また，図 5.23(b) のように 2 項関連が 1 対 1 の場合は，関連型に対応する関係スキーマの主キーは，2 つの実体型の主キーのうちいずれかとする．したがって，変換後の関係スキーマは

$$\text{首都} (\underline{\text{国名}}, \text{都市名}, \text{制定年})$$

または

$$\text{首都} (\underline{\text{都市名}}, \text{国名}, \text{制定年})$$

となる．

第 5 章 概念スキーマ設計

　また，一般に $n(\geq 3)$ 項関連の場合は，つながっている実体型のうち，矢印が付いていない実体型の主キーを集めたものが関連型から変換した関係スキーマのキーとなる．すべての実体型に矢印が存在する場合は，いずれか 1 つを選んで主キーとする．

　さらに，関連型およびそれとつながる実体型は，変換後の 2 つの関係スキーマを考えると，その間に参照制約が存在する．例えば，図 5.21 の場合，実体型「学生」と関連型「履修」の変換後の関係スキーマ間には，参照制約

$$\textbf{履修}.学生番号 \subseteq \textbf{学生}.学生番号$$

が存在し，同様に，参照制約

$$\textbf{履修}.科目番号 \subseteq \textbf{科目}.科目番号$$

も存在する．これらに加え，実体型の関連型への参加制約が全体的な場合は，上述と逆方向の参照制約も成立する．具体的には，関係スキーマ「科目」と「履修」の間に参照制約

$$\textbf{科目}.科目番号 \subseteq \textbf{履修}.科目番号$$

が成立する．

　以上の変換法は，同一実体型間の関連型の場合にもそのまま適用できる．例えば，図 5.25（154 ページ）に示した ER スキーマは，次の関係データベーススキーマに変換される．

$$\textbf{科目}\,(科目番号, 科目名)$$
$$\textbf{先修}\,(先行科目番号, 後続科目番号)$$
$$\textbf{先修}.先行科目番号 \subseteq \textbf{科目}.科目番号$$
$$\textbf{先修}.後続科目番号 \subseteq \textbf{科目}.科目番号$$

　この例では，関係「先修」の 2 つの属性を区別するために属性名の先頭に役割名を付けている[*1]．

(iii) 弱実体型と弱関連型からの変換

　3. 項（154 ページ）で説明したように，弱関連型は 1 対多または 1 対 1 関連であり，弱実体型の参加制約は全体的である．このことに注意すれば，弱関連型は関連型から関係スキーマへの変換法を応

*1　変換後の属性名のつけ方はこの方法に限る必要はなく，両者が区別でき，意味が明確であればよい．

用できる．

　図 5.26 に示した場合を考える．弱実体型「保護者」は，所有実体のキーと部分キーを合わせてはじめて一意に識別できる．したがって，次の関係スキーマに変換される．

保護者 (<u>学生番号</u>, <u>氏名</u>)

　一方，弱関連型「保護」を変換した関係スキーマは次のようになる．

保護 (<u>学生番号</u>, <u>氏名</u>, 期間)

　また，弱実体型「保護者」の参加制約は全体的であるため，次の参照制約[*1]が成立する．

保護者.{ 学生番号, 氏名 } ⊆ **保護**.{ 学生番号, 氏名 }

　このことは，関係スキーマ「保護者」が不要であることを意味する．したがって，関係スキーマ「保護」のみを残す．また，次の参照制約が成立する．

保護.学生番号 ⊆ **学生**.学生番号

(iv) 実体型の IsA 階層からの変換

　実体型の IsA 階層からの変換は，上位型の実体型については，通常の実体型の変換法をそのまま適用すればよい．図 5.27 に示した例の場合は，実体型「学生」は，次の関係スキーマに変換される．

学生 (<u>学生番号</u>, 学生名, 都市, 年齢)

　下位型の実体型からの変換法は 2 つの方法がある．1 つめの方法は，下位型に定義されている属性と，上位型から継承される属性のうち主キーのみを用いて関係スキーマに変換する方法である．
　図 5.27 の例では，次の関係スキーマを得る．

卒論生 (<u>学生番号</u>, 研究テーマ)

　卒論生の学生名などの情報は関係「学生」に格納されるため，次の参照制約が成立する．

---

*1　ここでは定義 2.1.5 (41 ページ) を拡張し，属性集合の場合の参照制約を考えている．その意味は，$\pi_{\text{学生番号,氏名}}$保護者 $\subseteq \pi_{\text{学生番号,氏名}}$保護 が成立することである．

第 5 章　概念スキーマ設計

$$\text{卒論生}.学生番号 \subseteq 学生.学生番号$$

２つめの方法は，下位型に定義されている属性と，上位型から下位型に継承されるすべての属性を用いて，関係スキーマに変換する方法である．図 5.27 の例では，次の関係スキーマを得る．

$$\text{卒論生}(\underline{学生番号}, 学生名, 都市, 年齢, 研究テーマ)$$

この場合は，関係「学生」は卒論生以外の学生の情報のみを格納する．

5.4　スキーマの進化を考慮した設計

実際のスキーマ設計にあたっては，属性間に成立するデータ従属性をもとに機械的にスキーマを生成するのではなく，データがもつ意味も考慮した設計が必要となる．その場合，実体関連モデルは有用である．

例えば，属性「先生」「科目」「年齢」「教科書」の間に次の３つの関数従属性が成立するとする．

$$FD_1: 先生 \rightarrow 年齢$$
$$FD_2: 先生 \rightarrow 科目$$
$$FD_3: 先生, 科目 \rightarrow 教科書$$

推論則を適用することにより

$$先生 \rightarrow 年齢, 科目, 教科書$$

が成立することがわかり，先生をキーとするボイス-コッド正規形の関係スキーマ

$$R(\underline{先生}, 年齢, 科目, 教科書)$$

を得ることができる．しかし，図 5.29 に示す実体関連図よりわかるように，年齢は「先生」という実体の属性であり，「科目」「教科書」とは意味的に異なると考えられる．したがって，設計にあたっ

160

図 5.29 ER 図で表現した概念スキーマ

ては,R よりもむしろ

$R_1(\underline{先生},\ 年齢)$
$R_2(\underline{先生},\ 科目,\ 教科書)$

という2つの関係スキーマを設けるべきである.ただし,キーはいずれも「先生」である.

学科規則が改正となり FD_2 が成立しなくなった場合,すなわち1人の先生が2個以上の科目を講義してもよくなった場合,R の場合は,制約の保持のために2つのスキーマに分解する必要が生じるが,R_1,R_2 の場合は R_2 のキーを { 先生,科目 } に変更するだけでよい.

さらに FD_3 も成立しなくなった場合でも,R_2 のキーを { 先生,科目,教科書 } に変更すればよい.

R と R_1,R_2 とのスキーマを比較した場合,後者は一貫性制約の変更に対するスキーマの変更を少なくできる反面,先生の年齢と科目(または教科書)を同時に参照する問合せの処理のためには結合を必要とするため,コストがかかる.

しかし,このような問合せの頻度はそれほど高くないと考えられ,一貫性制約の変更が予測される場合は,スキーマ変換作業の煩わしさを考えると R_1,R_2 のほうが優れているといえる.

●本章のおわりに●

概念スキーマは,対象とするデータベースを利用する業務内容を深く理解したうえで設計する必要がある.文献 11) は,実務上必要となる業務レベルのモデル化からデータベーススキーマ設計までの方法を解説している.

文献 12) は,データベースの教科書で著名な Date が,実務家が理解すべき関係データベース設計理論としてまとめたものである.

ER モデルは,1976 年に Peter Chen により提案された[13].

第5章　概念スキーマ設計

演 習 問 題

問 1　図 2.2 に示した関係「学生」を関数従属性

$$学生番号 \rightarrow 学生名$$

を用いて定理 5.1.1 にしたがって分解した場合は情報無損失分解となることを確認せよ.

また, 関係「学生」を, $\pi_{学生番号, 学生名, 都市}$ 学生 と $\pi_{都市, 年齢}$ 学生の 2 つに分解した場合は, それらを結合してももとの関係が復元できないことを確認せよ.

問 2　以下の 2 つの条件を満足する関係スキーマ $R(A, B, C)$ 上のインスタンス I を 1 つ与えよ.

(a) $(\pi_{AB} I) \bowtie (\pi_{AC} I) = I$ が成立する.

(b) R 上の自明でない関数従属性は存在しない.

問 3　ある大学の関係データベーススキーマを設計したい.

このデータベースは, 学生, 年度, 学部, (学部の) 創立年, 学部長, (学生の) 出身校の 6 つの属性をもち, 以下の 4 つの関数従属性が成立するものとする.

　　　　FD_1: 学生 → 出身校

　　　　FD_2: 学部 → 創立年

　　　　FD_3: 学生, 年度 → 学部

　　　　FD_4: 学部, 年度 → 学部長

以下の設問に答えよ.

(a) これらの関数従属性の FD ダイアグラムを与えよ.

(b) これらの関数従属性をもとに, 分解法によっていくつかの関係スキーマを設計せよ. ただし

- どの関数従属性を用いて分解したか,
- 各関係スキーマではどの関数従属性が保持されているか,
- 各関係スキーマのキーとなる属性集合は何か,
- 各関係スキーマはどの正規形であるか,

など, 設計の過程をなるべく詳しく説明すること.

問 4　図 5.28 (156 ページ) に示した ER スキーマを関係データベーススキーマに変換せよ.

第6章
意思決定支援のための
データベース

1.4 節 (7 ページ) で説明したように，多くの組織におけるデータ処理は基幹系処理と情報系処理の 2 種類に分類できる．

基幹系処理のために収集，利用される情報のことを**業務情報**[*1]，または，**トランザクション情報**[*2] と呼ぶ．例えば，仮想商店であれば顧客の購買情報，銀行であれば口座の入出金情報，証券会社であれば取引情報などが業務情報に相当する．これらの業務情報は日々発生し，発生時に即座にデータベースに記録，格納する必要がある．そのために用いられるデータベースを**業務データベース**[*3]と呼ぶ．個々の基幹系処理は，業務データベースの応用プログラムを実行することに対応する．データベースの応用プログラムの実行を**トランザクション**と呼ぶ．業務データベースでは，大量に発生するトランザクションを高速に処理する必要がある．ただし，一般に各トランザクションが操作するデータの量は少ない．

一方，情報系処理では，組織にとって重要な高水準の意思決定をするために，現在および過去の大量の業務データなどを解析する．スーパーマーケットであれば，特定顧客の将来の購買品目の予測を行うために過去の購買履歴データを解析したり，効率的な仕入れを行うために，季節，曜日，地域ごとの購買情報解析を行うことなどがこれに相当する．また，銀行であれば，顧客ごとに適した金融商品を推薦するために，顧客の入出金履歴を解析することなどが相当

*1 operatonal information

*2 transac-tional information

*3 operational database

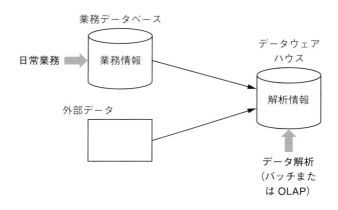

図 6.1 業務データベースとデータウェアハウス

する.

　情報系処理を遂行するために収集され,利用される情報のことを**解析情報**[*1]と呼ぶ.解析情報は,業務情報に基づいており,さらに関連する必要な情報を含む.解析情報のために用いられるデータベースを**データウェアハウス**[*2]または**解析データベース**[*3]と呼ぶ.

*1 analytical information
*2 data warehouse
*3 analytical database

　データ解析は,多くの場合,日,月,季節,年などの単位で一度ずつ行われる.そのため,データウェアハウスは,業務データベースに比べると操作要求に対する即時性は求められない.しかし,対象とするデータは一般に業務データベースに比べ,はるかに大量である.

　通常,業務データベースとデータウェアハウスは別のデータベースとして作成,運用される.その理由は次のとおりである.

- 一般に,基幹系処理には即時性が求められる.それに対し,情報系処理におけるデータ解析は,大量のデータを対象とする.これら 2 種類の処理を同一のデータベースで実行すると,基幹系処理の即時性が低下する.
- 多くの場合,基幹系処理と情報系処理の両方の目的のため,簡単に使えるようにデータベースを構造化することは難しい.
- 情報系処理は,最新のデータを用いて行う必要はないことが多い.

6.1 SQL の集約関数と GROUP BY

図 6.1 には業務データベースとデータウェアハウスの関係を表す．外部データは業務データベースには格納していないデータであり，例えば過去の天気情報などが考えられる．スーパーマーケットの過去の売上情報を解析するためには，このような外部情報が必要になる．業務データベースのデータを解析に利用できるようにするためには，異なる名前表記になっている同一人物の名寄せを行ったり，単位の統一，半角・全角文字の統一などデータをきれいにする作業[*1] が必要となることが多い．業務データベースのデータや，外部データのうち，解析に必要な部分を抽出 (extract)，変換 (transform) し，データウェアハウスにロード (load) する．これらの作業をまとめて **ETL**[*3] と呼ぶ．データウェアハウスにおけるデータ解析は，バッチ処理の場合と，オンラインで処理する OLAP の場合がある．

本章では，意思決定支援のためのデータベースについて説明する．まず 6.1 節でデータベースを用いた大量データの解析処理に必要となる SQL の集約関数と GROUP BY の説明を行う．

次に，6.2 節で業務データベース上で集計処理を行う場合の問題点を説明する．6.3 節では，データウェアハウスのデータのためのモデルとしてよく使われる多次元データモデルを紹介し，6.4 節では，多次元データを関係データベースで扱う方法を説明する．

*1 これをデータクレンジング[*2] と呼ぶ．
*2 data cleansing
*3 データウェアハウス側で変換を行う場合は，ELT と呼ぶ場合もある．

6.1 SQL の集約関数と GROUP BY

SQL には，データをグループ分けする機能（GROUP BY 句）や集約を行うための関数が用意されている．

図 6.2 は架空の大手企業 Amatoku の販売データベースのデータベースインスタンスを示す．顧客が店舗で買い物をし，1 枚のレシートが発行されるごとに関係表「販売取引」に 1 つの行が挿入される．レシートに記載される購入された品目とその数量の情報は関係表「販売内容」に品目ごとに記録される．

SQL では，平均 (AVG)，最大 (MAX)，最小 (MIN)，合計 (SUM)，行数 (COUNT) などの**集約関数**[*4][*6] を指定することができる[*7]．構文は，関数名の後のかっこ内に列名を指定する．COUNT 関数の場合

*4 標準 SQL では集合関数[*5] と呼ばれているが，本書ではより一般的に使われる用語である集約関数を用いる．

*5 set function

*6 aggregate function

*7 データベース管理システムによっては，分散や標準偏差を計算する関数も用意されている．

165

第6章　意思決定支援のためのデータベース

販売取引

販売 ID	顧　客	店舗	販売日時
T1	山田太郎	吉田	2018–06–29
T2	田中花子	桂	2018–07–04
T3	山田太郎	梅田	2018–07–05
T4	佐藤次郎	桂	2018–07–05
T5	田中花子	桂	2018–07–06
T6	山田太郎	吉田	2018–07–08

販売内容

品目名	販売 ID	数量
おにぎり	T1	2
ウーロン茶	T1	1
おにぎり	T2	1
おにぎり	T3	3
ウーロン茶	T3	1
玄米茶	T4	2
ウーロン茶	T5	1
緑茶	T6	1

図 6.2　Amatoku の販売データベースの例（簡易スキーマ版）

は列名のかわりにすべての列を意味する "*" を指定することもできる.

　また, かっこ内に DISTINCT を指定すると, 値の重複を除去してから集約関数を適用し, ALL を指定すると, 値の重複を除去せずに集約関数を適用する. デフォルトは ALL である.

1. SELECT 句での集約関数の指定 (1)

　　　「おにぎりの平均販売個数を求めよ」

```
SELECT  AVG(数量)
FROM    販売内容
WHERE   品目名 = N' おにぎり'
```

結果：

AVG(数量)
2

2. SELECT 句での集約関数の指定 (2)

　　　「おにぎりの販売回数を求めよ」

6.1 SQL の集約関数と GROUP BY

```
SELECT COUNT(*)
FROM    販売内容
WHERE   品目名 = N'おにぎり'
```

結果：

COUNT(*)
3

3. SELECT 句での集約関数の指定 (3)

「おにぎりを一度でも購入した顧客の人数を求めよ」

```
SELECT COUNT(DISTINCT 顧客)
FROM    販売取引 NATURAL JOIN 販売内容
WHERE   品目名 = N'おにぎり'
```

結果：

COUNT(顧客)
2

これまでの例では表全体に集約関数を適用していたが，表をグループに分け，グループごとに集約関数を適用したい場合がある．そのために GROUP BY 句が用意されている．一般には，GROUP BY 句の後に複数の列が指定され，それらの列の値が同じ行は 1 つのグループにまとめられる．集約関数は各グループ内の行に対して適用される．

4. GROUP BY 句を用いた検索

「各品目ごとの平均販売個数を求めよ」

```
SELECT 品目名, AVG(数量)
FROM    販売内容
GROUP BY 品目名
```

結果：

品目名	AVG(数量)
おにぎり	2
ウーロン茶	1
玄米茶	2
緑茶	1

第6章　意思決定支援のためのデータベース

```
SELECT [ DISTINCT | ALL ] <選択リスト>
FROM    <表参照> [ { , <表参照> } ... ]
[ WHERE <探索条件> ]
[ GROUP BY [ DISTINCT | ALL ]
         <列参照> [ { , <列参照> } ... ] ]
[ HAVING  <探索条件> ]
```

図 6.3　SELECT 文の構文規則

　また，対象とするグループの条件を指定するために HAVING があ
る．HAVING の後には，GROUP BY で指定されたグループのうち，対
象として残すグループの条件を与える．これらを含めた SELECT
文の構文規則を図 6.3 に示す．

　5. GROUP BY 句と HAVING 句を用いた検索

　　　「販売取引が 2 回以上あった品目を求めよ」

```
SELECT 品目名
FROM    販売内容
GROUP BY 品目名
HAVING COUNT(*) >= 2
```

結果：

品目名
おにぎり
ウーロン茶

　WHERE 句は，各組に対する条件を指定するのに対し，HAVING 句
が各グループに対する条件を指定する．これら両者が指定された場
合は，まず，WHERE 句の条件で対象とする行を残し，それらに対
して GROUP BY 句で指定されたグループ化を行い，最後にそれらの
グループのうち HAVING 句の条件を満足するものだけを残すことに
なる．

　6. WHERE 句，GROUP BY 句，HAVING 句を用いた検索

　　　「数量が 2 以上の販売取引が 2 回以上あった品目を求
　　　めよ」

6.1　SQLの集約関数と GROUP BY

```
SELECT 品目名
FROM    販売内容
WHERE    数量 >= 2
GROUP BY 品目名
HAVING COUNT(*) >= 2
```

結果：

品目名
おにぎり

7. 検索結果のソート

「販売取引の情報のうち，桂店舗のものを，販売日時が新しいものから順に出力せよ」

```
SELECT *
FROM    販売取引
WHERE    店舗 = N’桂’
ORDER BY 販売日時 DESC
```

結果：

販売 ID	顧　客	店舗	販売日時
T5	田中花子	桂	2018–07–06
T4	佐藤次郎	桂	2018–07–05
T2	田中花子	桂	2018–07–04

　このように結果をソートして出力するためには，ORDER BY の後に，ソートのために使う列を指定する．ここで，DESC は，descending order（降順）を表す．ASC とすれば，ascending order（昇順）を表すことになる．（ASC がデフォルト）

8. 検索結果のソート（複数の列の指定）

「全販売内容を販売日時が新しいものから順に並べ，販売日時が同じ場合には，数量が少ないものから順に並べて出力せよ」

```
SELECT 品目名, 販売 ID, 数量
FROM    販売取引 NATURAL JOIN 販売内容
ORDER BY 販売日時 DESC, 数量
```

169

第6章　意思決定支援のためのデータベース

結果：

品目名	販売 ID	数量
緑茶	T6	1
ウーロン茶	T5	1
ウーロン茶	T3	1
玄米茶	T4	2
おにぎり	T3	3
おにぎり	T2	1
ウーロン茶	T1	1
おにぎり	T1	2

　この例のように，ORDER BY には複数の列を指定できる．
また，ソートのために用いた列は必ずしも SELECT 句に現れ
る必要はない．

9. 検索結果のソート（集約結果でソート）

　　「店舗を販売取引回数が多いものから順に並べて出力
せよ」

```
SELECT 店舗,COUNT(販売 ID)
FROM    販売取引
GROUP BY 店舗
ORDER BY COUNT(販売 ID) DESC
```

結果：

店舗	COUNT(販売 ID)
桂	3
吉田	2
梅田	1

■6.2　業務データベース上での集計処理

　　図 6.2 に示したデータベースのスキーマを拡張した図 6.4 のデー
タベースを考える．図 6.4 では，図 6.2 の関係表「販売取引」の
スキーマを拡張し，顧客と店舗の詳細情報を独立した関係表で管理し
ている．また，関係表「販売内容」のスキーマを拡張し，品目の詳
細情報を独立した関係表で管理している[*1]．

*1　ただし，簡単化
のため図6.4は一部
のインスタンスのみ
を示している．

6.2 業務データベース上での集計処理

販売取引

販売 ID	顧客 ID	店舗 ID	販売日時
T1	C1	S1	2018-06-29
T2	C2	S2	2018-07-04
T3	C1	S3	2018-07-05

販売内容

品目 ID	販売 ID	数量
P1	T1	2
P2	T1	1
P1	T2	1
P1	T3	3
P2	T3	1

店　舗

店舗 ID	店舗名	都道府県
S1	吉田	京都
S2	桂	京都
S3	梅田	大阪

顧　客

顧客 ID	顧客名	年齢
C1	山田太郎	35
C2	田中花子	26

品　目

品目 ID	品目名	単価
P1	おにぎり	100
P2	ウーロン茶	140

図 6.4　Amatoku の販売データベースの例

　図 6.4 の関係スキーマはすべて第 5 正規形であり業務情報の格納のためには適している．しかし，データの解析を行う場合には次のような問題点がある．

問題点 1： データ解析では，条件を変更しながら試行錯誤的に問合せを行うことが多いが，そのたびに SQL 文を少し変更しながら実行する必要がある．

問題点 2： データの解析のための単純な問合せの SQL 文でも複雑なものとなり，処理に時間がかかることがある．

第6章 意思決定支援のためのデータベース

　まず問題点1を，具体的に例を通してみていく．例えば，この関係データベーススキーマを対象とした次のような単純な問合せを考える．

　　「2018年6月から8月までの，京都府におけるウーロン茶の売上高を月ごとに求めよ」

この問合せをSQLで表現すると次のようになる[*1]．

*1 このSQL文中にあるextractは，日付データの一部を抽出する関数である．

```
SELECT extract(month from T.販売日時) AS 月,
        SUM(SA.数量 * P.単価) AS 売上高
FROM   販売取引 T NATURAL JOIN 販売内容 SA
                    NATURAL JOIN 店舗 S
                    NATURAL JOIN 品目 P
WHERE  extract(year from T.販売日時) = 2018
AND    extract(month from T.販売日時)
            IN (6, 7, 8)
AND    S.都道府県 = N'京都'
AND    P.品目名 = N'ウーロン茶'
GROUP BY extract(month from T.販売日時)      ・・・(Q1)
```

月	売上高
6月	350000
7月	420000
8月	630000

図6.5　京都府におけるウーロン茶の月別売上高

　この問合せ (Q1) の結果は図6.5のようになったとしよう．もし，この結果の売上高が予想に反して低ければ，同様の販売低下が近隣府県でも生じているのかを調べるために大阪府の売上高も合わせて必要とするかもしれない．その結果，もし同様の低下がみられた場合，次に示すSQL文 (Q2) で6月，7月，8月の京都府，大阪府の売上高なども調べようとするかもしれない．

172

```
SELECT S.都道府県,
        extract(month from T.販売日時) AS 月,
        SUM(SA.数量 * P.単価) AS 売上高
FROM    販売取引 T NATURAL JOIN 販売内容 SA
                    NATURAL JOIN 店舗 S
                    NATURAL JOIN 品目 P
WHERE   extract(year from T.販売日時) = 2018
AND     extract(month from T.販売日時)
            IN (6, 7, 8)
AND     S.都道府県 IN (N'京都', N'大阪')
AND     P.品目名 = N'ウーロン茶'
GROUP BY S.都道府県,
        extract(month from T.販売日時)       ···(Q2)
```

この問合せの結果が，図 6.6 のようになったとしよう．

都道府県	月	売上高
京都	6 月	350000
京都	7 月	420000
京都	8 月	630000
大阪	6 月	364000
大阪	7 月	434000
大阪	8 月	525000

図 6.6　京都府と大阪府におけるウーロン茶の月別売上高

　この結果をみて，次は月次推移をみるために 6 月から 8 月までの京都府と大阪府の売上高を合計した値を必要とするかもしれない．
　このように，解析業務では，ある側面のデータをみて次に別の側面のデータを必要とするなど，試行錯誤的に解析を進めることが多い．SQL でそれを実行するためには，試行錯誤のたびに，上記 (Q1) (Q2) のように SELECT 文の WHERE 句や GROUP BY 句を少し変更したものを実行する必要がある．
　ここで，図 6.7 のような**クロス集計表**[1] を用いると，上記のような異なる側面で売上高を集計し，2 次元の表で表すことができる．図 6.7 では，横軸を月，縦軸を都道府県として販売高を集計している．

*1 cross–tabulation table

第6章　意思決定支援のためのデータベース

	6 月	7 月	8 月	合計
京都	350000	420000	630000	1400000
大阪	364000	434000	525000	1323000
合計	714000	854000	1155000	2723000

図 6.7　クロス集計表

　クロス集計表は，データが少ない場合は表計算ソフトなどを用いて作成されることが多いが，図 6.7 をさらに商品ごとにも集計したい場合などは統一的な扱いが困難である．そこで，クロス集計表を多次元の場合に拡張した多次元データモデル (6.3 節で詳述) が考えられた．

　続いて，問題点 2 を具体的にみていく．SQL 文 (Q1) では，関数 extract が 4 か所に現れている．また，SELECT 句では，数量と単価の乗算を行い，販売内容ごとに売上を計算している．この問合せの条件を満たす表「販売内容」の組数が 10000 であれば，この SQL 文 1 つを処理するために，extract 関数は 40000 回以上，乗算は 10000 回実行する必要があり，処理に時間を要する．

　基幹業務では，売上げが生じるたびにその内容を実時間で記録する必要があるのに対し，解析業務は，SQL 文 (Q1) のように解析を過去にさかのぼって月単位のデータに対して実行したり，日単位のデータに対して深夜に一度だけ実行するなど，実時間性を必要としない場合が多い．

　そこで，解析情報は業務情報の内容をコピーしたうえで，より解析に適した形のデータベーススキーマに変換し，処理効率を上げることが考えられる．そのための関係データベーススキーマについては 6.4 節 (175 ページ) で説明する．

6.3　多次元データモデル

　図 6.7 を，さらにウーロン茶以外の緑茶などの商品ごとにも集計したい場合は，図 6.7 の奥にそれと同じような緑茶のクロス集計表

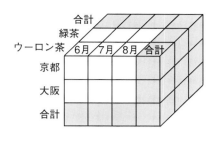

図 6.8 キューブ

があると考え，商品を表す3つめの軸を加え，2次元の表を3次元化すればよい．その結果，表が図 6.8 のように 3 次元的に配置されることになる．

2次元の集計表であるクロス集計表を，より高次元の場合に一般化したこのような構造を，**多次元キューブ**[*1]または単に**キューブ**[*2]と呼ぶ．

キューブを構成する最小のセルを**事実**[*3]と呼ぶ．各セルには**測定値**[*4]がある．例えば，図 6.8 のキューブの正面左上のセルは事実であり，その測定値は 6 月の京都府におけるウーロン茶の売上高である 350000 となる[*5]．図 6.8 の網かけのセルはいろいろな側面で売上高を合計した値が入る．

解析情報をこのような多次元キューブとして表すデータモデルを**多次元データモデル**[*6]と呼ぶ．

*1 multi-dimensional cube
*2 cube
*3 fact
*4 measure
*5 図が煩雑になることを避けるため，図 6.8 のキューブでは各セルの測定値は省略しているが，実際にはこのような測定値が各セルに存在する．
*6 multidimensional data model

6.4 関係データベースにおける多次元データの扱い

1. 次元表と事実表

前節で述べた多次元データを，具体的に関係データモデルを用いて表現するには，どうすればよいだろうか．

その問いに答えるために，まず，図 6.4 に示した 5 つの関係表を，新しいデータが追加される頻度に着目して観察する．すると，これらはトランザクションの発生とデータの追加が無関係である

第 6 章　意思決定支援のためのデータベース

マスター表と，トランザクションの発生に伴ってデータが追加される**トランザクション表**の 2 種類の表に分類することができることがわかる．

- マスター表
  「店舗」「顧客」「品目」の 3 つの表が相当する．ER モデルでいうところの実体の一覧であり，データが増える速度はゆるやかである．
- トランザクション表
  「販売取引」「販売内容」の 2 つの表が相当する．ほとんどの場合，時刻を表す属性があり，データが増える速度が速く，したがって行数が大きい．また，データの追加が主であり，更新は起きにくい．

　これら 2 種類の表の分類に基づき，多次元データモデルの次元と事実に対応する関係スキーマを設計する．これを，**次元的モデリング**[1] と呼ぶ．関係の次元的モデリングの結果は，**次元的関係スキーマ**[2] であり，次元的関係スキーマでは，次元と事実という 2 つのタイプの表が区別される．

*1　dimensional modeling

*2　dimensional relational schema

*3　dimension table

次元表[3]：　業務データベースのマスター表に対応する表と時刻に関する表からなる．次元表には，新たに人工的につくられた主キーと，解析対象を条件付けるための文字列や数値の属性を含む．

*4　fact table

事実表[4]：　業務データベースのトランザクション表を 1 つにまとめたうえで，解析の主題に関連する測定値を含んだものである．測定値は典型的には数値であり，必要に応じて計算し，追加される．さらに，次元表と関連付ける外部キーを含む．

　図 6.4 に示した関係データベースの次元的モデリングの結果としては，図 6.9 のものが考えられる．この次元的関係スキーマでは，関係「販売取引」が事実表であり，それ以外の 4 つの関係が次元表である．関係「販売取引」がもつ測定値は売上や数量であり，それ以外の属性は次元表を参照する外部キーである．また，次元表の中には時刻に関する関係「カレンダ」があり，関係「店舗」「顧客」

176

6.4　関係データベースにおける多次元データの扱い

販売取引

カレンダキー	店舗キー	品目キー	顧客キー	売上	数量
1	1	1	1	200	2
1	1	2	1	140	1
2	2	1	2	100	1
3	3	1	1	300	3
3	3	2	1	140	1

カレンダ

カレンダキー	日時	年	月	日	曜日
1	2018-06-29	2018	6	29	2
2	2018-07-04	2018	7	4	7
3	2018-07-05	2018	7	5	1

店　舗

店舗キー	店舗 ID	店舗名	都道府県
1	S1	吉田	京都
2	S2	桂	京都
3	S3	梅田	大阪

顧　客

顧客キー	顧客 ID	顧客名	年齢
1	C1	山田太郎	35
2	C2	田中花子	26

品　目

品目キー	品目 ID	品目名	単価
1	P1	おにぎり	100
2	P2	ウーロン茶	140

図 6.9　Amatoku の販売データベースの次元的モデリング

「品目」は業務データベースのマスター表に対応している.

　事実表である「販売取引」には測定値として売上があるが，これ
は数量と「品目」表の単価の乗算により得られるため，情報として
は冗長である．しかし，売上の値は一度計算すれば更新されること
はないため第 5 章で述べたような更新不整合は生じない．むしろあ

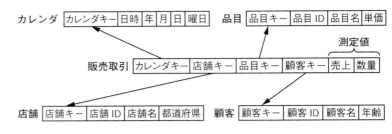

図 6.10　スタースキーマ

らかじめ売上を計算しておくことにより，(Q1) (Q2) のように問合せ時に計算する必要がなくなる．同様に，「カレンダ」の日時と年，月，日も冗長であるが，これにより問合せ時に extract 関数を用いて月などを取り出す操作が不要になる．

　また，通常，次元的関係スキーマのすべての次元表には，**サロゲートキー**[*1] とも呼ばれる，単純で，非複合的な，システム生成のキーが与えられる．図 6.9 の「カレンダキー」「店舗キー」「顧客キー」「品目キー」がサロゲートキーである．図 6.9 に示されるように，これらのサロゲートキーは単純な自動付番整数値である．

[*1] surrogate key

2. スタースキーマ

　次元的関係スキーマにおける，事実表スキーマと次元表スキーマとの間の外部キーによる参照関係に着目すると，事実表スキーマが各次元表スキーマの外部キーをもつため，図 6.10 にあるように，事実表スキーマを中心に配置し，まわりに次元表スキーマを配置すると，データベーススキーマ全体は星に似た形となる．したがって，次元的関係スキーマはしばしば**スタースキーマ**[*2] と呼ばれる．通常，次元表は比較的小さく安定している．それに対し，事実表は急激に大きくなり次元表よりかなり大きい．

[*2] star schema

　図 6.9 のように次元モデル化されたデータベースに対して，先述のような解析的な問合せ (Q2) は，以下の SELECT 文 (Q3) で表現できる．(Q3) は (Q2) に比べ，SELECT 句での乗算や extract 関数が不要となり簡潔になっている．

6.4 関係データベースにおける多次元データの扱い

```
SELECT  S.都道府県,
        CA.月,
        SUM(SA.売上) AS 売上高
FROM    販売取引 SA NATURAL JOIN カレンダ CA
                        NATURAL JOIN 店舗 S
                          NATURAL JOIN 品目 P
WHERE   CA.年 = 2018
AND     CA.月 IN (6, 7, 8)
AND     S.都道府県 IN (N'京都', N'大阪')
AND     P.品目名 = N'ウーロン茶'
GROUP BY S.都道府県, CA.月                      ···(Q3)
```

3. SQL における CUBE を用いた集計

*1 したがって, 問合せ (Q3) の結果.

図 6.6 に示した問合せ (Q2) の結果[*1] には, 図 6.7 に示したクロス集計表のうち, 網かけのセルで記した合計の部分の情報が含まれていない.

SQL には, このようなクロス集計表を求めるために, GROUP BY CUBE が用意されており, かっこ内にある列のすべての組合せに対して GROUP BY をそれぞれ実施し, SELECT 句の結果を求める. そして, それらの結果の集合和を最終的な結果とする. 例えば, 図 6.7 のクロス集計表の情報を得るためには, 次の SELECT 文を実行する.

```
SELECT  S.都道府県, CA.月, SUM(SA.数量) AS 売上高
FROM    販売取引 SA NATURAL JOIN カレンダ CA
                        NATURAL JOIN 店舗 S
                          NATURAL JOIN 品目 P
WHERE   CA.年 = 2018
AND     CA.月 IN (6, 7, 8)
AND     S.都道府県 IN (N'京都', N'大阪')
AND     品目名 = N'ウーロン茶'
GROUP BY CUBE(S.都道府県, CA.月)
```

この結果は, 図 6.11 のようになる. 図 6.11 において, ナル値はその列のすべての値を表す. 例えば, 4 行目は京都府の 6, 7, 8 月の 3 か月間の合計売上高が 1400000 であることを表し, 最後の行は, 京都府, 大阪府の 6, 7, 8 月の 3 か月間の合計売上高が 2723000 で

第6章 意思決定支援のためのデータベース

都道府県	月	売上高
京都	6 月	350000
京都	7 月	420000
京都	8 月	630000
京都	NULL	1400000
大阪	6 月	364000
大阪	7 月	434000
大阪	8 月	525000
大阪	NULL	1323000
NULL	6 月	714000
NULL	7 月	854000
NULL	8 月	1155000
NULL	NULL	2723000

図 6.11　GROUP BY CUBE の結果

あることを表す．表示方法は異なるが，図 6.11 の内容は図 6.7 の
クロス集計表と同じである．

●本章のおわりに●

*1 Online Ana-lytical Processing

1980 年代から 1990 年代にかけてデータウェアハウスの概念が整理
され，実システムも開発された．1993 年には Codd によって OLAP[*1]
の概念が発表され[14]，最近は OLTP と OLAP 両方を合わせた OLxP
という概念もある．例えば，文献 15) はデータウェアハウスの詳しい
教科書である．

本章での解析の例は集約等の単純なものであるが，実際にはデータ
マイニングなどより複雑な解析を行う．データマイニングを詳しく説
明した和書としては元田らの教科書[16]がある．

演 習 問 題

問 1　例 2.1.5（42 ページ）に示した関係データベーススキーマ上の以
下の問合せを SQL を用いて表現せよ．
(a) ハードウェアを履修している学生の，学生番号と点数を点数
の高いものから順に出力せよ．
(b) 小林先生が教えている科目の，科目名と科目名ごとの最高点，

平均点，最低点を求めよ．

（c）田中先生が教えている科目について，各科目番号ごとに最高点を求め，科目番号の小さいものから順に出力せよ．

（d）科目 J2 を履修している学生の都市名，および都市ごとの履修人数，平均点を求めよ．

第7章

データの格納と問合せ処理

　本章では，記憶装置やファイル編成などのデータベースの内部ス
キーマについて述べ，データベース管理システムにおける問合せの
処理の概略を説明する．

　1.5 節 2 項 (12 ページ) において，SQL の問合せ言語は宣言的で
あることを閉架式の図書館になぞらえて説明した．利用者はカウン
ターで借りたい本の情報を伝えるだけでよく，図書館の係員が実
際の書架まで本を探しに行く．本の情報，書架，係員は，それぞれ
データベースでは問合せ，内部スキーマ，問合せ処理に対応する．

　必要な本を効率よく探すためには，書架における本の配置や書架
自身のレイアウトを工夫する必要があり，係員もそれらを熟知し，
効率のよい方法で目的とする本を探す必要がある．

　利用者からみた図書館の利便性は，本の情報を係員に伝えてから
実際に本を手にするまでの時間に大きく影響される．これは，デー
タベースでは問合せ処理時間に対応する．データベース管理システ
ムは，内部スキーマや問合せ処理の工夫により，問合せ処理時間の
短縮化を図らなければならない．

　内部スキーマや問合せ処理は，データベース管理システムが最初
に開発されたときから長年にわたりさまざまな手法が提案されてき
たデータベースにおける中心的な研究課題である．

第7章 データの格納と問合せ処理

■ 7.1 記憶装置の基本的事項

現在の計算機システムの**記憶装置**は，基本的に**主記憶**と**二次記憶**からなる．両者の違いを表7.1に示す．

表7.1 主記憶と二次記憶の比較

	主記憶	二次記憶
速度	速い	遅い
容量	小さい	大きい
揮発	揮発性[*1]	不揮発性[*1]
価格	高価	安価

*1 **揮発性**[*2]とは，「電源を切ると内容が失われる」という性質であり，**不揮発性**[*3]とは，「電源を切っても内容が失われない」という性質である．

*2 volatile

*3 non-volatile

データベース管理システムが対象とするデータは一般に大量であるため，データの二次記憶装置は1バイトあたりの価格が安価で，しかも容量が大きいことが望まれる．

また，データは永続性をもつ必要があるため，記憶装置は電源を切ってもデータが失われない性質をもつことが望ましい．このような性質をもつ二次記憶装置として現在，一般的に使われているものは，**磁気ディスク装置**（**HDD**[*4]）と **SSD**[*5] である．

*4 Hard Disk Drive

磁気ディスク装置は，円盤面上の微小な磁性体の向きにより0と1を表現する．ディスクの回転とアームの機械的な動きにより，アーム先端のヘッドを特定の微小磁性体の上に位置付けることによりデータのアクセスを行う．

*5 Solid State Drive

一方，SSD は，フラッシュメモリと呼ばれる不揮発性半導体記憶から構成される．

二次記憶装置は，基本原理やアクセス速度，容量などの諸元が主記憶装置とは異なる．特に，磁気ディスクは，連続した領域のアクセスに比べ，円盤面上の離れた場所に記録されているデータのアクセスに時間がかかる[*6]．

*6 アームを移動する必要があるため．

7.2 ブロックを単位とする記憶装置のモデル化

磁気ディスク装置と SSD はその構造と機構がまったく異なるが、データベース管理システムはこれらの記憶装置を抽象化し、図 7.1 のような**ブロック**[*1] を単位とする記憶装置とみなす。

*1 block

ブロックの大きさは OS やデータベース管理システムによって異なるが、一般には 2 KiB[*2] から 32 KiB 程度が選ばれる。

*2 KiB はキビバイト($2^{10} = 1024$ バイト)を表す。

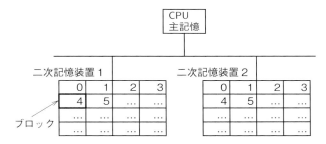

図 7.1 記憶装置

すなわち、データベース管理システムからは、各記憶装置の記憶領域はブロックを単位として、0 から順にアドレス番号が割り当てられているとみなすことができる。データベース管理システムは、次の 2 つの基本操作によってデータの読み書きを行う。

- あるアドレスからあるブロック数のデータを書き込む。
- あるアドレスからあるブロック数のデータを読み出す。

*3 page

データベース管理システムは、連続したブロックを**ページ**[*3] とし、ページ単位でデータを管理する。ページの大きさは用途によって変更することができるが、これ以降は簡単のため、ページとブロックの大きさは同じとする。

前節の最後でも記したように、磁気ディスクの場合は、あるブロックにアクセスした後、その連続したブロックへのアクセスに比べ、離れたブロックのアクセスには非常に時間がかかる。記憶装置内のページ配置やファイルの構造は、記憶装置のこのような性質を考慮して設計される。

第7章　データの格納と問合せ処理

■7.3　関係表のページへの分割

　前述のように，ページ（すなわちブロック）の大きさは 2 KiB から 32 KiB 程度であるため，関係表を二次記憶に格納するためにはページ単位に分割する必要がある．関係表を分割し，二次記憶に格納する方法としては，行単位と列単位の格納法があり，それぞれ**行指向格納法**[*1]，**列指向格納法**[*2] と呼ぶ．

　例えば，Amatoku の顧客 10 万人分のデータを格納している図 7.2 のような関係表「顧客」を考えよう．この関係には，属性として顧客番号，氏名，年齢，ポイントがあり，主キーは顧客番号とする．

　行指向格納法では

$$1 \quad \text{Yamada} \quad 29 \quad 500$$

のように各行のデータを格納単位とする．簡単のため，各ページにはちょうど 2 つの組が収容できるとすると，行指向格納法の場合は，図 7.2 のように関係がページに分割される．表の左外の数字はページ番号とする．

　一方，列指向格納法では

$$500 \quad 220 \quad 81315 \quad 40 \quad 220 \quad \dots \quad 112470 \quad 1835$$

*1 row–oriented storage

*2 column–oriented storage, columnar storage

	顧客番号	氏名	年齢	ポイント
1	1	Yamada	29	500
	2	Suzuki	58	220
2	3	Kojima	47	81315
	4	Takeda	32	40
3	5	Takagi	18	220
	6	Tanaka	61	780
4	7	Miyata	30	780
	8	Sakai	43	61030
	...	...	...	...
50000	99999	Kondoh	30	112470
	100000	Kimura	58	1835

図 7.2　関係表「顧客」の行指向格納法

	顧客番号		氏名		年齢		ポイント
1	1	X+1	Yamada	Y+1	29	Z+1	500
	2		Suzuki		58		220
	3		Kojima		47		81315
	4		Takeda		32		40
	5		Takagi		18		220
	6		Tanaka		61		780
	7		Miyata		30		780
	8		Sakai		43		61030
2	...	X+2	...	Y+2	...	Z+2	...
	...		...		...		...
12500	...	X+12500	...	Y+12500	...	Z+12500	...
	...		...		...		...
	...		...		...		...
	...		...		...		...
	99999		Kondoh		30		112470
	100000		Kimura		58		1835

図 7.3 関係表「顧客」の列指向格納法

のように各列のデータを格納単位とする．例えば，各ページには 8 個の文字列または数値を収容可能とすると，関係「顧客」は図 7.3 のように格納される．この図でも表の左外にページ番号を示す．関係に対応する，このようなページの集まりを**関係ファイル**[*1] と呼ぶ．

*1 relation file

図 7.2 に示した行指向格納法の場合は，ページ番号とページ内の組の位置の対で組を識別することができ，これをその組の**組識別子**[*2] と呼ぶ．例えば，顧客番号が 3 の組は組識別子は (2,1) となる．図 7.3 の列指向格納法の場合は，ページ番号とページ内の位置の対で値が一意に決まる．

*2 tuple identifier; TID

列指向格納法の場合，各ページには組を構成する値が格納されている．このように，後述する索引の場合も含め，一般にはファイルのページ内には組以外の単位のデータも格納される．そこで，本章では今後，組と属性を，それぞれ一般化した概念である**レコード**[*3] と**フィールド**[*4] という用語を用いる．例えば，図 7.2 の各ページ

*3 record

*4 field

には2個のレコードが含まれ，各レコードは4つのフィールドからなる．また，図7.3の各ページには8個のレコードが含まれ，各レコードは1つのフィールドからなる．

行指向格納法，列指向格納法のそれぞれの特徴は次のようになる．例えば

```
SELECT *
FROM 顧客
WHERE 顧客番号 = 132                    ・・・(Q1)
```

のような問合せや

```
UPDATE 顧客 SET ポイント = ポイント + 10
WHERE 顧客番号 = 132                    ・・・(Q2)
```

のような更新の場合，行指向格納法であれば，対象となる組の情報は1ページ内にまとまっている．しかし，列指向格納法の場合は，各属性の値は別のページに格納されているため，全属性の結果を求めている上記の問合せの場合は属性の数だけのページ（すなわち4ページ）をアクセスする必要があり，上記の更新の場合もポイントと顧客番号の属性値が格納されている1ページずつ合計2ページのアクセスをする必要がある．一方

```
SELECT SUM(ポイント)  FROM 顧客          ・・・(Q3)
```

のような問合せの場合は，行指向格納法であれば，全ページのアクセスが必要となるが，列指向格納法の場合は，ポイントを格納するページのみのアクセスで済む．

ここにあげた例では属性数が4の小規模な関係であるが，実際にはより多くの属性[1]をもつ関係が使われるため，このような問合せに対する列指向格納法の優位性がより高くなる．

一般に，行指向格納法は行単位の読出し，書込みが多いOLTP[2]に向いており，列指向格納法は特定の列のみに集約関数を適用することが多いOLAP[3]に向いている[4]．

[1] 属性が数百あるいは千を超える場合もある．

[2] Online Transaction Processing

[3] Online Analytical Processing

[4] OLTPとOLAPについては，1.4節の8ページを参照されたい．

7.4 順次探索と直接探索

*1 sequential search

*2 一般には，フィールド列でもよい.

*3 direct search

*4 一般には，複数個のフィールドのそれぞれに，1つの値が与えられてもよい.

*5 search key

*6 これは，関係データベースのキーの概念とは異なることに注意されたい

*7 range search

*8 sequential file

*9 sort field

*10 一般には，複数のフィールド，属性の列がそれぞれソートフィールド，ソート属性になる場合もある.

一般に，ファイルの探索方法には次の2通りがある.

順次探索[1]： レコードを順に探索していく．通常は，探索順としてあるフィールド[2] が指定され，そのフィールドの値の順序で探索される.

直接探索[3]： 探索条件として与えられる，あるフィールドの1つの値[4]を**探索キー**[5][6] と呼ぶ．あるフィールドの探索キーが与えられたとき，それをもつレコードを直接探索する.

問合せ (Q3) の場合は，関係ファイルの順次探索を行い，問合せ (Q1) や更新 (Q2) の場合は，直接探索を行うことになる.

また，直接探索と順次探索の組合せが必要な探索として，次の範囲探索がある.

範囲探索[7]： 次の2つの場合がある.

– あるフィールドと探索キー k が与えられ，そのフィールドの値が k 以上（または k 以下）の，すべてのレコードを求める.

– あるフィールドと2個の探索キー $k_1, k_2 (k_1 < k_2)$ が与えられ，そのフィールドの値が k_1 以上 k_2 以下の，すべてのレコードを求める.

7.5 順ファイルとソートフィールド

図 7.2 に示した関係ファイル「顧客」は，レコードが顧客番号でソートされ，格納されている．このように，あるフィールドの値でページがソートされ，二次記憶装置の連続領域に割り当てられているファイルを**順ファイル**[8] と呼び，順ファイルのソートに用いるフィールドを**ソートフィールド**[9] と呼ぶ．関係ファイルが順ファイルの場合は，ソートに用いる属性を**ソート属性**と呼ぶ[10].

順ファイルはページが二次記憶装置の連続領域に割り当てられているため，順次探索を高速に行える．これに対し，直接探索の場合

第 7 章 データの格納と問合せ処理

は，探索条件に現れる属性がソートフィールドかどうかによって処理が異なる．

(i) 探索条件に現れるフィールドがソートフィールドの場合

　問合せ (Q1) や更新 (Q2) を処理するためには，全ページを 2 分探索すればよい．

　一般にはページ数が P の場合，2 分探索に必要なページアクセス回数は，$\log_2 P$ である．

　したがって，この場合は，約 $16(\approx \log_2 50000)$ 回のページアクセスで求める顧客の組を含むページを得ることができる．

(ii) 探索条件に現れるフィールドがソートフィールド以外の場合

　ソートフィールドではない「ポイント」フィールドに対する条件が与えられる

$$\text{ポイントが } 780 \text{ の顧客を求めよ．} \qquad \cdots (Q4)$$

という問合せの場合は，全ページ（50,000 ページ）のアクセスが必要となる．

　このように，探索の条件に現れるフィールドがソートフィールドかどうかにより，ページアクセス回数は大きく異なる．1 つのファイルは 1 つのフィールド（列）でしかソートできないため，(Q4) のようにソートフィールド以外のフィールドに対する検索条件をもつ問合せの高速化手段が必要となる．

　また，ソートフィールドに対する検索を行う問合せに対しても，2 分探索より高速な処理が望ましい．

　これらの要求を満たすため次節に解説する索引が用いられる．

■ 7.6　索　引

*1 index

　データベースにおける**索引***1 の役割は，本の索引と同じである．本の索引は，本文中に現れる重要なキーワードとそれが現れるページ番号を対にし，キーワード順に並べたものである．索引がなければ，本文中のキーワードを見つけるために，本文を最初から最後ま

で調べなければならない．それに対し，索引があれば，キーワードが現れるページがすぐにわかる．索引はキーワード順にソートされているため，その中からあるキーワードを探すのにそれほど時間はかからない．

ここで注意が必要なことは，索引自体は，「本文にない新たな情報を追加的に含んでいるわけではない」ということである．本に索引を設けると索引の分の紙数が必要となる．しかし，索引があることによりキーワードを探す時間が短くなる．すなわち，

> 索引は，空間を犠牲にし時間を得るための手段

であるとみなすことができる．

データベースの索引ファイルの最も単純なものは，もとのデータベース中のある属性に現れる値とその値が現れる組識別子を対にし，値の順に並べた順ファイルである．例えば，(Q4) のような問合せ処理を高速化するために，図 7.2 に示したフィールド「ポイント」の上に索引を設けると図 7.4 のようになる．

データベースの索引も本の場合と同様，もとのデータベースにない新たな情報を含んでいるのではなく，**索引キー**[1][2] と呼ばれる値（この例の場合は，フィールド「ポイント」の値）の検索を高速化するために，索引に必要なデータ領域を費やしていることになる．

*1　index key
*2　関係データベースのキーとは異なる概念であることに注意されたい．

*3　entry

索引中の 1 つの索引キーとそれに対応する組識別子集合の対（すなわち索引中のある 1 行）のことを**エントリ**[3] と呼ぶ．

仮にこの索引の大きさを，もとの関係（図 7.2）の大きさの 4 分の 1 程度とすると，索引の領域のために 12500 ページが必要となる．索引はポイントによってソートされているため，ポイントによる 2 分探索をすると約 $14(\approx \log_2 12500)$ 回のページアクセスで，ポイントが 780 の顧客の組識別子を得ることができる．

それらの組識別子をもとにして図 7.2 の関係をアクセスすることにより，ポイントが 780 の顧客のすべての属性の値を得ることができる．索引がない場合は，もとの関係のすべてのページ（50000ページ）をアクセスする必要があり，索引を用いることによってアクセスする必要があるページの数が大幅に削減されたことがわかる．

第 7 章　データの格納と問合せ処理

ポイント	組識別子集合
...	...
40	(2,2), ...
...	...
220	(1,2), (3,1), ...
...	...
500	(1,1), ...
...	...
780	(3,2), (4,1),...
...	...
1835	..., (50000,2)
...	...
61030	(4,2), ...
...	...
81315	(2,1), ...
...	...
112470	..., (50000,1)
...	...

図 7.4　フィールド「ポイント」上の索引

■ 7.7　木構造索引

　前節の例のように，もとのデータベースが大きければ索引自体も大きくなるため，索引の探索に時間がかかる．

　そこで，関係の組数が非常に多くなり索引自体も大きくなった場合は，索引の索引を設ける．索引の索引は，（もとの）索引よりもデータ数は少なくなる．

　これを繰り返していくと，最終的に木構造に階層化された索引ができる．例えば，図 7.4 に示した索引を対象として索引を階層的に作成すると，図 7.5 のような**木構造索引**[*1] ができる．なお，この図では簡単のために，図 7.4 に明示的に表示されているポイントの値のみを対象としている．さらに，木構造の各ノードは 1 ページに対応し，1 つの葉ノードにはポイントとそれに対応する組識別子集合の対が 2 個まで収容可能としている．

　また，図 7.5 では，索引中にある組識別子集合は省略し，組識別

[*1] tree–structured index

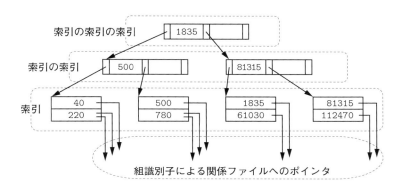

図 7.5　木構造索引

*1 この図では、説明のために索引に加えて「索引の索引」や「索引の索引の索引」という用語を用いているが、通常はこれらすべてを一括して索引と呼ぶ。

子によるポインタを矢印で示している*1。

　図 7.5 のような木構造索引を使ってポイントの値を探索キーとして直接探索を行うためには，まず木構造の根ノード（すなわち，索引の索引の索引）を調べ，そこにある値 1835 と探索キーを比較する．探索キーが 1835 未満の場合は，左のポインタをたどり，子ノードに相当する索引の索引中のページをアクセスする．逆に，探索キーが 1835 以上の場合は，右のポインタをたどる．これを同様に繰り返すと最終的に木構造の葉（すなわち，もとの索引）のページにいたる．探索キーに対応する組識別子集合は，その葉ページ内に見つかるはずである．もし見つからなければ，データベースが探索キーの値と等しいポイントの組をもっていなかったことになる．

　この例の場合は，根ノードから数え，3 ページのアクセスで葉ノードに到達し，探索キーが見つかる．これは，索引の 2 分探索に必要な約 14 回のページアクセスに比べると 1/4 以下である．

　図 7.2 に示したもとの関係では組が 100000 個あると仮定していたが，図 7.5 にはそのうちごく一部しか表示していない．図 7.5 の根ノードやその子ノードのそれぞれには最大 2 個のポインタのみを収容可能であるが，実際の木構造索引ではより多くのポインタを収容可能である．木の高さは各ノードの子の数（すなわち，ポインタ数）がおよそ c であるとすると，葉ノードの数 L に対し，$\log_c L$ となるため，c が大きければ葉ノードの数が増えても木の高さ自体は

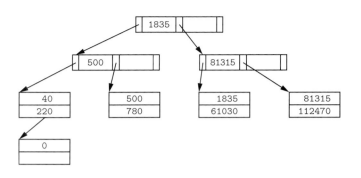

図 7.6　データ挿入後の ISAM

あまり変わらない．

*1 Indexed Sequential Access Method

ISAM[*1] と呼ばれる索引は，このような木構造により構成される．ISAM では，葉ノードは順ファイルとして構成されるため，順次探索も高速に行える．

7.8　B+ 木

データベースの索引は，通常の本の索引と異なり，データベースの内容に更新が生じるとそれに伴い索引も動的に更新しなければならない．例えば，新規顧客が 1 人増え，そのポイントは 0 とすると，図 7.5 に示した最初の葉ページにそれを追加すべきである．しかし，もう収容スペースがないため，簡単な解決法としては新たなページを設けて現在のページからポインタでつないで図 7.6 の木構造索引にすることが考えられる．実際，ISAM はこのような考え方に基づき挿入に対処する．

しかし，このような方法で更新に対処していると木構造のバランスが悪くなり，探索キーによってページアクセスにばらつきが出てしまう．実際，図 7.6 の索引で，探索キーを 0 としてそのエントリを見つけるまでに 4 ページのアクセスが必要であり，他の探索キーの場合に比べ，1 回余分のページアクセスが必要となる．

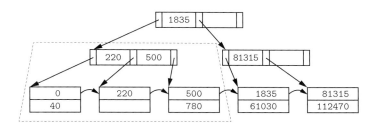

図 7.7　データ挿入後の B+ 木索引

本節では,このように木構造索引において,更新によって木のバランスが失われる問題を解決するために考案された B+ 木について考えていく.

1. B+ 木の構造

*1　B+ tree

B+ 木[*1]における挿入に対処する考え方を直観的に説明すると,図 7.6 のように木を下に成長させるのではなく,木構造自体を変更し,必要に応じて木を上に成長させるものということになる.

例えば,図 7.5 の最初の葉ページに,ポイントが 0 の新規顧客のエントリを挿入する場合,B+ 木では,新たに挿入するエントリと既存の 2 つのエントリを含めた,合計 3 つのエントリを 2 つのページに分割し,それらを親ノードの子となるように親ノードからのポインタを張る.また,親ノードのエントリも変更する.結果は図 7.7 になる.図 7.5 に比べると,点線で囲った部分が変更されている.

このように B+ 木では,データの更新に伴って索引構造を動的に変更することにより,常に根ノードから葉ノードまでの距離が一定になるように木のバランスを保つ.なお,このように既存の葉ノードの間に新たに葉ノード生成される場合があるため,葉ノードを常に二次記憶装置の連続領域に割り当てるということはできない.したがって,葉ノードの順序を管理するために,次の葉ノードをリンクで結ぶ.

与えられた探索キーの値に等しいエントリを探す直接探索のためには,根ノードから順に,葉に向かってノードを探索する.

第 7 章　データの格納と問合せ処理

また，探索キーの順にエントリを探す順次探索のためには，最も小さいエントリを直接探索し，後は葉ノード間のリンクをたどり，順に葉ノードを探索すればよい．与えられた探索キーよりも大きい索引キーをもつエントリを探す範囲探索を行うためには，最初に探索キーによる直接検索で葉ノードを見つけ，その後はリンクをたどって順次探索をすればよい．また，与えられた探索キーよりも小さい索引キーをもつエントリを探す範囲探索を行うためには，最も小さいエントリを直接探索し，その後はリンクをたどって探索キーをもつ葉ノードまで順次探索をすればよい．

次に，B+ 木の，より正確な定義を与える．

定義 7.8.1　B+ 木は，次のような木である．

(1) 葉ノードの各エントリは，索引キーとそれに対応する組識別子の集合からなる．各葉ノードはそのスペースの半分以上が使われている．葉ノード内のエントリは探索キー順にソートされている．索引エントリはソートされ，葉ノード全体に格納され，隣接する葉ノード間はリンクで結ばれている．

(2) 葉以外のノードは，最大で $2m + 1$ 個のポインタと $2m$ 個の索引キーを交互に収容する．ここで，m はある決められた自然数である．葉以外のノードのある索引キー k に隣接する左側のポインタからたどれる子ノード，およびその子孫ノードには，k 未満の索引キーのみを含む．また，k に隣接する右側のポインタからたどれる子ノード，およびその子孫ノードには，k 以上の索引キーのみを含む．

*1 したがって，2個以上のポインタをもつ．

(3) 根ノードは 1 個以上の探索キーをもつ．[*1]

(4) 根ノード，葉ノード以外のノード（中間ノードと呼ぶ）は m 個以上の探索キーをもつ．[*2]

*2 したがって，$m+1$ 個以上のポインタをもつ．

(5) 根ノードから葉ノードまでの距離は一定である．

自然数 m を **B+ 木のオーダ**[*3] と呼ぶ．　□

*3　order

上の条件 (4) により，中間ノードの格納領域は常に半分以上が使われていること，中間ノードの子ノードの数は $m + 1$ 以上であるこ

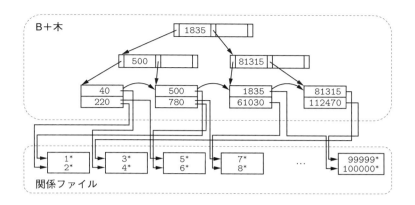

図 7.8　関係ファイルとその索引としての B+ 木

図中で組を表す記法

　図 7.8 の関係ファイルにおいて，1* という記法は，ソートキー（すなわち，顧客番号）の値が 1 である組を表す省略記法とする．
したがって，1* は顧客番号が 1 である組

| 1 | Yamada | 29 | 500 |

を表す．
　一般には，本章では，ソートキー，索引キー，または主キーを k とするときに，k^* は，ソートキー，索引キーまたは主キーとして値 k をもつ組（または，組の集合）を表すものとする．

とが保証される．また，条件 (5) により，どの葉ノードも，根ノードからたどるときにアクセスする必要があるノードの数は同じになる．

　図 7.7 は，$m = 1$ の B+ 木の例である．また，B+ 木の葉ノードのエントリは実際には図 7.4 のように組識別子の集合があり，これはもとの関係ファイル中の組へのポインタとみなせる．関係ファイルが図 7.2 のような顧客番号をソートキーとする順編成ファイルの場合，関係ファイルとその索引（索引キーは「ポイント」）としての B+ 木を図示すると，図 7.8 のようになる．

第7章　データの格納と問合せ処理

▌2.　B+ 木の挿入アルゴリズム

B+ 木に新しいエントリを挿入する場合，ノードにそのエントリを収容するスペースがある場合は問題はないが，収容スペースがない場合はノードを分割する．

B+ 木への新たなエントリの挿入アルゴリズムは，次のようになる．

1. 索引をたどり，新たに追加するエントリを収容すべき葉ノードを見つけ，収容スペースがあれば，その葉ノードに挿入して終わる．収容スペースがない場合は，次のステップに移動する．

2. 挿入するエントリと，その葉ノードにすでに存在するエントリを合わせた全エントリを索引キーの小さい前半分と大きい後半分の 2 つの集合に分ける．*1 前半部のエントリ集合はその葉ノードに格納する．後半部のエントリ集合を収容する新たなノードを作成し，葉ノード間のリンクを付け直す．

3. 後半分の新たなノードの，最初のエントリの索引キーとそのノードのポインタを親ノード（n_p とする）に渡す．

4. n_p にその索引キーとポインタを収容するスペースがあれば，それらを n_p に挿入して終了する．収容するスペースがない場合は，次のステップに進む．

5. n_p は葉以外のノードであるため，子ノードから渡された索引キーとポインタを含め，全部で $2m + 1$ 個の索引キーと $2m + 2$ 個のポインタがある．それらを次の 3 つの部分に分けて処理する．
    - (a) 最初の m 個の索引キーと，それらに隣接する $m + 1$ 個のポインタは，n_p に残す．
    - (b) 最後の m 個の索引キーと，それらに隣接する $m + 1$ 個のポインタからなる，新たなノード n_{new} を作成する．
    - (c) ちょうど中央の 1 個の探索キーと，n_{new} へのポインタは n_p の親ノードに渡す．もし親ノードがない場合は，

*1　ただし，エントリの個数が奇数になる場合は，前半部エントリの個数が後半部よりも1つだけ多い，2つのエントリ集合をつくる．

新たに親ノードをつくる．n_p の親ノードを新たに n_p とし，ステップ 4 に移動し，以上の操作を再帰的に繰り返す．

例えば，図 7.7 の B+ 木に，索引キーが 250 のエントリを挿入する場合は，左から 2 つめの葉ノードにある空きスペースに収容される．

一方，索引キーが 600 のエントリを挿入する場合は左側から 3 つめの葉ノードに 500 と 600 を格納し，780 を収容する新たなノードを作成する．

次に，索引キー 780 と新たなノードへのポインタを親ノードに渡す．

それらを渡された親ノードにはスペースがないが，無理矢理収容すると

$$\boxed{\bullet\;|\;220\;|\;\bullet\;|\;500\;|\;\bullet\;|\;780\;|\;\bullet}$$

のようになる．[*1] そこで，最初の $m(=1)$ 個の索引キーと隣接する $m+1(=2)$ 個のポインタはこのノードに残し

*1 ここで●は子ノードへのポインタが存在することを表す．

$$\boxed{\bullet\;|\;220\;|\;\bullet\;|\quad|\quad}$$

となる．また，最後の $m(=1)$ 個の索引キーとそれらに隣接する $m+1(=2)$ 個のポインタからなる新たなノード

$$\boxed{\bullet\;|\;780\;|\;\bullet\;|\quad|\quad}$$

を作成する．さらに，中央の 1 個の探索キー 500 と新たなノードへのポインタを親ノード（すなわち根ノード）に渡す．その結果，根ノードは

$$\boxed{\bullet\;|\;500\;|\;\bullet\;|\;1835\;|\;\bullet}$$

のようになる．

最終的な B+ 木は，図 7.9 のようになる．

▌3．B+ 木の削除アルゴリズム

B+ 木の削除アルゴリズムの基本的な考え方は，挿入アルゴリズムの逆となる．すなわち，削除の結果，エントリ数がノードの半分

第7章　データの格納と問合せ処理

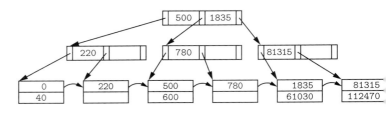

図 7.9　B木におけるレコード挿入に伴うページ分割

を満たしていない場合は隣接するノードと併合する．その結果，併合した2つのノードを区別するためにあった親ノードのエントリは不要になるため，削除する．すなわち，削除が葉から木の上に向かって伝搬する．場合によっては，木全体の高さが低くなる．

B+木からあるエントリを削除するためのアルゴリズムは，次のようになる．

1. 索引をたどり，葉ノードから指定されたエントリを削除する．その葉ノードを n_d とする．

2. 葉ノード n_d の収容スペースの半分以上が使われていれば終了する．それ以外の場合は次のステップに移動する．

3. ノード n_d とその左の兄弟ノード[*1]（n_a とする）のエントリすべてを一緒にし，次の (a) (b) のいずれかを行う．
   (a) それら全エントリを1つの葉ノードに収容できない場合は，n_d と n_a の使用格納領域がほぼ同じになるように n_a から n_d にいくつかエントリを移動する．また，これら2つのノードを区別するために，n_d の最初の索引キーを親ノードに送り，親ノードはそれまで2つのノードを区別するために使っていた探索キーを置き換える．
   (b) 逆に，それら全エントリを1つのノードに収容できる場合は，n_d のエントリをすべて n_a に移動し，n_a から n_d に後続する葉ノードへのリンクを張る[*2]．n_d は削除する．n_d と n_a の親ノードから，これら2つのノードを識

*1 n_d が兄弟の中で最初のノードの場合は，右の兄弟ノードとする．その場合もアルゴリズムは同様に構築できる．

*2 n_d が兄弟の中で最初のノードの場合は，n_d の1つ前の葉ノードからのリンクの終点を n_a に変更する．

7.8 B+木

別する索引キーと n_d へのポインタを削除する．親ノードを新たに n_d とし，ステップ 4 に移動する．

4. ノード n_d に収容されている探索キーの数が m 以上[*1] の場合は終了する．n_d が根ノードで，探索キーが 0 個の場合は，根ノードを削除し終了する．それ以外の場合は次のステップに移動する．

*1 ノード n_d が根ノードの場合は 1 以上．

5. ノード n_d とその左の兄弟ノード[*2]（n_a とする）のエントリすべてを一緒にし，次の (a) (b) のいずれかを行う．

   (a) それら全探索キーの数が $2m$ 以上の場合は，n_d と n_a の探索キーの数が同じか 1 だけ異なるように，n_a から n_d にいくつかエントリを移動する．また，これら 2 つのノードを区別するために，n_d の最初の索引キーを親ノードに送り，親ノードはそれまで 2 つのノードを区別するために使っていた探索キーを置き換える．

   (b) 逆に，それら全探索キーの数が $2m - 1$ 以下の場合は，n_d と n_a の親ノードから，これら 2 つのノードを区別する索引キーを n_d に移動する．さらに，n_d のエントリをすべて n_a に移動し，n_d は削除する．親ノードを新たに n_d とし，ステップ 4 に移動する．

*2 n_d が兄弟の中で最初のノードの場合は，右の兄弟ノードとする．その場合も，アルゴリズムは同様に構築できる．

　例えば，図 7.7 に示した B+ 木からエントリ 780 を削除する場合は，葉ノードから削除し終了となる．さらに続けて，エントリ 500 を削除すると葉ノードが空になるため，この葉ノードは削除し，それに伴い親ノードにある索引キー 500 と，削除した葉ノードへのポインタを削除する．その結果の親ノードはまだ半分以上の収容スペースが使われているため，アルゴリズムは終了する．

　削除後の最終的な B+ 木は図 7.10 のようになる．さらに，エントリ 40 と 220 を削除すると，左から 2 つめの葉ノードは空になり削除される．すると，その親ノードの索引キー 220 は不要になり，削除される．

　さらに，親ノードの兄弟ノードと合わせても全探索キーの数は $1 (= 2m - 1)$ 以下であるため，それらの親ノード（すなわち根ノー

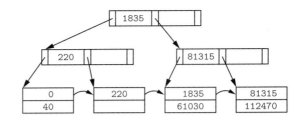

図 7.10　図 7.7 (195 ページ) の B+ 木からエントリ 780 と 500 を削除した後の B+ 木

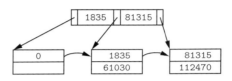

図 7.11　図 7.10 の B+ 木からエントリ 40 と 220 を削除した後の B+ 木

*1　この例にあるように，ノードの削除は木の上部の大幅な変更を伴う場合があり，コストが大きくなる．また，削除の直後に挿入があると，再びノードの分割が生じる可能性が高い．
例えば，図7.11にエントリ30と1200が挿入されると，木全体は再び図7.10の構造に戻る．したがって，実際の実装では葉ノードや中間ノードの収容率が 50% を切っても許容するアルゴリズムが採用されることが多い．

ド) から，それらを区別する索引キー 1835 を移動し，兄弟ノードと合わせて 1 つのノードとする．すると，根ノードは空になるため削除する．

最終的な B+ 木は図 7.11 のようになる[*1]．

7.9　ハッシュファイル

あるレコード中の値から何らかの方法によってそのレコードが格納されているページの番号を計算できるならば，二次記憶装置への 1 回のアクセスでそのレコードを得ることができる．

*2　hash file

そのようなファイル編成法として**ハッシュファイル**[*2]がある．

例えば，図 7.2 の関係表「顧客」を考えよう．顧客番号の順序に意味がないとすると，顧客番号の値による探索は直接探索のみであり，範囲探索は必要ない．したがって，188 ページの (Q1) のような SQL 問合せが顧客番号の値による典型的な検索となる．

ハッシュファイルは，このように，ある属性の値による範囲探索

図 7.12　ハッシュファイル

を必要とせず，直接探索のみを必要とする場合に有用なファイル編成法である．探索の対象となる属性（この例では顧客番号）を**ハッシュキー**[*1][*2]と呼ぶ．ハッシュファイルでは，あるレコードはそのハッシュキーの値に**ハッシュ関数**[*3]と呼ぶ関数を適用して，得られる値のページ番号をもつページに格納される．ハッシュ関数としては，例えば，関係「顧客」全体を L ページに収容可能であれば

$$h(k) = k \mod L$$

のような関数がよく使われる．ここで右辺の mod はモジュロ[*4]の意味であり，$k \mod L$ は，k を L で割った余りを表す．これにより，ハッシュキーの値が与えられるとその値をもつレコードが格納されているページが計算によって一意に決まり，二次記憶装置への1回のアクセスで必要なレコードを得ることができる．

[*1] hash key

[*2] 単にキーと呼ばれることもあるが，関係表のキー（定義 2.1.4, 35 ページ）とは異なるため，区別が明確になるようにハッシュキーという用語を用いる．

[*3] hash function

[*4] modulo

例 7.9.1　100000 人の顧客からなる関係「顧客」があり，顧客には 1 から 100000 までの顧客番号が付けられているとする．

この関係全体を収容できる 50000 ページ分の記憶領域が割り当てられているなら，$L = 50000$ として顧客番号 k のレコードは $k \mod 50000$ で計算されるページに格納すればよい．すなわち，顧客番号 2 のレコードはページ 2 に格納され，顧客番号 100000 のレコードはページ 0 に格納される（図 7.12(a) 参照）．

また，この関係全体を収容できる 50001 ページ分の記憶領域が割り当てられており，$L = 50001$ とする場合は，顧客番号 2 のレコー

ドは上の場合と同様にページ2に格納されるが，顧客番号100000のレコードはページ49999に格納される（図7.12(b)参照）．　□

7.10 ファイル編成

*1
file organization.

2　197ページのコラムにあるように，図7.13中の「50001」などの記法は，その索引キーの値をもつ組を表すことを思い出してほしい．したがって，「50001*」は顧客番号に加え，顧客番号が50001である顧客の氏名，年齢，ポイントのデータからなる組を表す．

データベースを本になぞらえ，本の本文がデータベース本体に相当し，本の索引はデータベースの索引に相当するとした．

データベース本体や索引をファイルとして実現するためにはB+木やハッシュファイルが用いられる．その具体的な方法を**ファイル編成**[*1]という．ファイル編成は，B+木やハッシュファイルの組合せ方により，種々の実現方法がある．

図7.13は，関係「顧客」の関係ファイルを属性「顧客番号」をハッシュキーとするハッシュファイルとして編成している．したがって，この関係ファイル[*2]は同時に索引ファイルでもある．ハッシュファイルであるため，188ページの(Q1)のような顧客番号による直接検索を高速に実現できる．しかし，このハッシュファイル

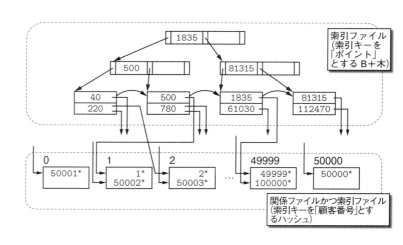

図7.13　関係ファイルがハッシュファイルのファイル編成

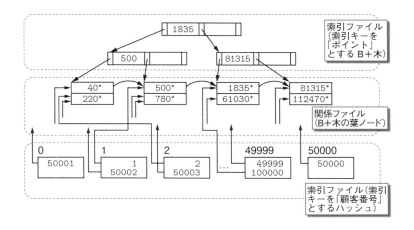

図 7.14　関係ファイルが B ＋木の葉ノードのファイル編成

だけでは「ポイント」を探索キーとする探索は高速に実行できない．そこで，さらに「ポイント」を索引キーとする B+ 木を，索引ファイルとして設けている．B+ 木の葉ノードの各エントリは，「ポイント」の値と対応する組識別子へのポインタからなる．

　図 7.13 と似ているが，少し異なるファイル編成法として，図 7.14 のように「ポイント」を索引キーとする索引ファイルを B+ 木として構築し，その B+ 木の葉ノードを関係ファイルとして編成することもできる．図 7.14 のファイル編成では，この関係ファイルに対して「顧客番号」を索引キーとするハッシュ索引を設けている．

　図 7.13 と図 7.14 のファイル編成は，次のように，高速に処理できる「問合せの種類」が異なる．

(1) 指定された「ポイント」の値をもつ顧客の「顧客番号」を求める場合
簡単のため，対応する顧客は 1 人であると仮定すると，図 7.13 では，B+ 木を用いた直接探索で葉ノードまで 3 回のページアクセスを行い，そこからポインタをたどり，関係ファイルのページをアクセスするため合計 4 回のアクセスが必要となる．それに対し，図 7.14 では，B+ 木の葉ノードに組が格納され

第 7 章　データの格納と問合せ処理

ているため，3 回のページアクセスでよい.

(2)　指定された「顧客番号」の値をもつ顧客の組を求める場合
図 7.13 では，ハッシュファイルによる 1 回のページアクセス
でよい.

それに対し，図 7.14 では，ハッシュファイルによる 1 回の
ページアクセスの後，ポインタをたどり，関係ファイル内の
ページをアクセスするため，2 回のページアクセスが必要と
なる.

したがって，データベースに対して，どのような種類の問合せや
更新の頻度が多いかにより，適しているファイル編成は異なる.

▎1.　種々の索引

関係「顧客」の主キーは顧客番号である.

2.1 節内の 35 ページで説明したように，関係内で同じ主キーを
もつ複数個の組が存在してはならない. 関係に新たな組が挿入され
た場合は，その主キーがすでに存在するどの組の主キーとも一致し
ないことを検査する必要がある. この検査を高速に実行するために
通常，索引キーに主キーを含む索引がつくられる. このような索引
を**主索引**[1] と呼ぶ.

*1
primary index

前掲の図 7.13，図 7.14 のいずれも，ハッシュ索引は，顧客番号
が索引キーであるため主索引である. もし，図 7.14 においてハッ
シュ索引がなかった場合，主キーの重複検査のためには，関係ファ
イルのページをすべて順次探索する必要があり，非常に時間がかか
ることになる.

主索引に対し，索引キーに主キーを含まない索引を**副次索引**[2]
と呼ぶ. 図 7.13，図 7.14 の B+ 木索引は索引キーが属性「ポイン
ト」であり主キーではない. したがって，これらは副次索引の例で
ある. また，索引キーが候補キーである索引を**ユニーク索引**[3] と
呼ぶ.

*2　secondary
index

*3　unique index

また，関係ファイルにおけるレコードの順序が索引キーの順序と
同じ，またはほとんど同じ索引を**クラスタ化索引**[4] と呼び，それ
以外の索引を**非クラスタ化索引**[5] と呼ぶ. 図 7.13 の B+ 木索引

*4
clustered index

*5　unclustered
index

7.10 ファイル編成

関数従属性と索引

関数従属性が成立していることを保証するために，索引は重要な役割を果たす．

ある関係が一貫性制約としての関数従属性 $X \to Y$ を満たしているとする．データベース管理システムは，この関係に更新が生じた場合でも，$X \to Y$ が成立することを保証しなければならない．そのためには，通常 X を索引キーとする索引を設ける．

新たな組の挿入を考えると，X が主キーや候補キーの場合は，次のようになる．

(1) 挿入される組の X の値 x が，現在の関係の X に存在するかどうかを検査する．

この検査は，索引を用いれば高速に行える．その結果，x が存在しない場合にのみ挿入を許し，存在する場合は挿入を拒否すればよい．Y の値を調べる必要はない．

それに対し，X が主キーや候補キーでない場合は，まず上記の (1) を行い，x が存在しない場合は挿入を許す．存在する場合は以下とする．

(2) 対応する Y の値が，挿入する組の Y の値と同じかどうかを調べる．

その結果が同じ場合にのみ，挿入を許す．したがって，X が主キーや候補キーの場合に比べ，検査に時間がかかる．

このように，関数従属性の左辺が主キーまたは索引キーの場合は，検査を効率的に実行できる．

関係スキーマは，この点からもボイス-コッド正規形であることが望ましい．

は非クラスタ化索引であり，図 7.14 の B+ 木索引はクラスタ化索引である．一般に，1 つの関係ファイルに対しては，1 種類の索引キーでのみクラスタ化索引をつくることができる．

例 **7.10.1**　図 7.14 の顧客番号を索引キーとするハッシュ索引は，主索引であり，非クラスタ化索引である．

また，ポイントを索引キーとする B+ 木索引は，副次索引であり，クラスタ化索引である．　　　　　　　　　　　　　　　　　□

第7章　データの格納と問合せ処理

▌2.　索引の作成

標準 SQL では，索引を定義する文は規定されていないが，関係データベース管理システムでは，CREATE INDEX 文を用いて索引を定義できるものが多い．例えば，図 7.14 (205 ページ) の B+ 木索引は次のような文で定義する．この文における「ポイント索引」は索引名である．

```
CREATE INDEX ポイント索引 ON 顧客 (ポイント)
USING btree
```

1 つの関係には，異なる索引キーをもつ，複数個の索引を定義することができる．

データベースに索引を設けるとアクセスが高速になるが，索引のための記憶領域が必要になる．

また，多くの索引があると，関係の組の更新に伴ってそれらの索引の更新が必要となり，時間がかかる．

索引の定義はデータベース管理者の重要な仕事である．データベース管理者は，そのデータベースに対するどのような種類の検索や更新がどのような頻度で発生するかを見きわめ，適切な索引を定義することにより，データベースの全体的な性能を向上させる必要がある．

■7.11　問合せ処理※

*1　コストは，処理に必要となる記憶容量や時間.

*2　query processing

*3　query optimization

*4　必ずしも理論的な最適化をするとは限らない，実際には問合せ改良である.

*5　query optimizer

与えられた問合せをなるべく低コスト*1 で処理するための計画を立案し，それを実行することを，**問合せ処理***2 と呼ぶ．特に，実行前の計画立案の作業を**問合せ最適化***3*4 と呼び，データベース管理システムの中で問合せ最適化を実行する部分を**問合せ最適化器***5 と呼ぶ．

問合せ最適化器は

(1)　与えられた問合せ

(2)　ビューや概念スキーマに関する情報 (ビュー定義文，キー属性，定義域など)

(3) 内部スキーマに関する情報
- 記憶装置の情報（利用可能な主記憶バッファの大きさなど）
- ファイル編成の情報（関係ファイルの情報，ソート属性，〔クラスタ化〕索引の有無など）
- 統計情報 (関係の組数，ある属性の異なる値の数，値の分布，関係を格納しているページ数など)

などの情報をもとに，最適化を行う．このうち，(1) (2) の情報，すなわち，問合せ，ビュー，概念スキーマの情報のみを用いて問合せ最適化を行うことを **論理的問合せ最適化**[1] と呼び，それに加え，(3) の情報，すなわち内部スキーマの情報も用いて問合せ最適化を行うことを**物理的問合せ最適化**[2] と呼ぶ．

[1] logical query optimization

[2] physical query optimization

1. 論理的問合せ最適化

　関係代数式は，関係代数演算の適用順序を表現することにより，問合せ処理方法の概略を示しているとみなせるので，論理的問合せ最適化では通常，問合せを関係代数式で表現する．

　例えば，これまでの例で用いてきた関係「顧客」に加え，次の関係があるとする．

購買履歴（顧客番号，年月日，購買品目，数量）

　概念スキーマ上の問合せとして，年齢が 30 歳台で，ポイントが 10000 以上の顧客の情報を，購買履歴も含めて検索する次の SQL 文を考える．

```
SELECT *
FROM 顧客 NATURAL JOIN 購買履歴
WHERE 年齢 >= 30 AND 年齢 <= 39
AND ポイント > 10000
```

この問合せを関係代数式で表現すると次のようになる．

$$\sigma_{(年齢\geq30)\wedge(年齢\leq39)\wedge(ポイント>10000)}(顧客 \bowtie 購買履歴) \quad (7.1)$$

なお，最初に与えられた問合せがビューに対するものであれば，

第 7 章　データの格納と問合せ処理

3.5 節 (72 ページ) で説明したように，ビューを対象とした問合せとビュー定義の問合せを合成し，概念スキーマ上の問合せに変換する．

次に，3.4 節 (71 ページ) で説明したように，一般に関係代数式には複数の等価な関係代数式が存在するため，それらの中から問合せ処理コストが小さくなると考えられるものを選択する．

論理的問合せ最適化は，冗長な演算を除去するなど明らかにコストを削減できる場合もある．しかし，それ以外の場合は，コストを削減できることが多いという経験則に基づいている．最適化の結果が「本当にコスト削減につながるか」の見きわめは，内部スキーマの情報も考慮した，物理的問合せ最適化によって行う場合が多い．

(i) 選択早期適用

論理的問合せ最適化の代表例としては，選択演算をなるべく先に適用する**選択早期適用**[*1] という経験則がある．

＊1　selection push down

例えば，上記の式 (7.1) に対して選択早期適用を適用すると，選択と結合の適用順序を入れ替えた次の式になる．

$$\left(\sigma_{(年齢\geq30)\wedge(年齢\leq39)\wedge(ポイント>10,000)}顧客\right) \bowtie 購買履歴 \quad (7.2)$$

式 (7.1) と式 (7.2) の 2 つの関係代数式を比較すると，式 (7.2) による問合せ処理は，結合を実行する前に選択演算でもとの関係の一部だけを対象としているため，結合演算実行後の関係が小さくなり，ほとんどの場合，式 (7.1) にしたがう問合せ処理よりも処理コストが小さくなる．

(ii) 結合演算の適用順序

結合演算の適用順序も処理コストに影響を与える．一般に，n 個の関係の結合は，2 つの関係の結合を順に繰り返していくことにより実現できる．n 個の関係を結合する場合，各関係を結合する順序は $n!$ 通り存在するが，次の経験則を適用することが中間結果の大きさを削減し，処理コストを削減させるうえで重要である．

7.11　問合せ処理※

- 選択演算の対象となっている関係を，できる限り先に，結合する．
- 結合条件式の存在しない関係どうしの結合は，直積となるため，なるべく避ける．

例えば，R, S, T の 3 つの関係を $(R.A = S.A) \wedge (S.B = T.B)$ という結合条件式のもとで結合する場合，すなわち

$$R \bowtie_{R.A=S.A} S \bowtie_{S.B=T.B} T$$

を求める場合，R—T—S　または　T—R—S の順で結合を行うことは，最初の 2 つの関係の結合が直積となってしまうため，望ましくない．

2.　物理的問合せ最適化

物理的問合せ最適化では，統計情報やファイル編成の情報など，内部スキーマの情報を利用する．問合せを処理するために，どのファイルを用いて，どのようにデータにアクセスするか，その方法を決定することを**アクセス経路選択**[1] と呼ぶ．この節では，まず統計情報を用いた最適化の例を示し，次に問合せによく現れる演算として，選択演算と結合演算のアクセス経路選択について説明する．

*1　access path selection

3.　統計情報を用いた最適化の例

内部スキーマ情報のうち統計情報を用い，再び式 (7.1)(209 ページ) と式 (7.2) (210 ページ) の関係代数式を比較する．簡単のため，ここでは次のような統計情報が利用できるとする[2]．

*2　これらのうち，(1) と (2) の統計値は正確な値を調査することが可能である．それに対し，(3) については，「何 % の組が選択条件を満足するか」という数字をあらゆる選択条件に対してあらかじめ知ることはできないため，いくつかの属性値の分布などの情報をもとに推定することになる．

(1)　10 万人の顧客がいる（すなわち「顧客」の組数は 10 万）．

(2)　1 人あたり平均 20 件の購買履歴がある（すなわち，「購買履歴」の組数は 200 万）．

(3)　関係「顧客」のうち選択条件

$$(年齢 \geq 30) \wedge (年齢 \leq 39) \wedge (ポイント > 10,000)$$

を満足する顧客は全体の 10 % である．

211

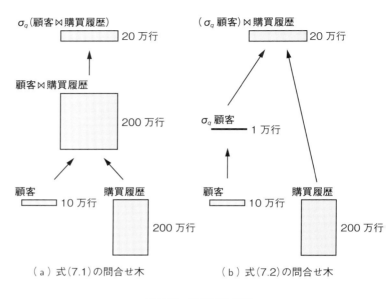

図 7.15　選択早期適用

*1　query tree

*2　図では簡潔化のために，選択条件式(年齢≥30) ∧ (年齢 ≤ 39) ∧ (ポイント>10000) を q で表している．

　関係代数式の処理の順序を木構造で表現したものを**問合せ木**[*1]と呼ぶ．図 7.15 は，式 (7.1) と式 (7.2) の問合せ木を示す[*2]．この図では，さらに中間結果を含む各関係の大きさを，長方形により視覚的な表現している．中間結果や最終結果の大きさに関するこのような見積もりは次のように得られる．

　式 (7.1) において

$$顧客 \bowtie 購買履歴$$

は，10 万行と 200 万行の関係の結合になる．また，参照制約

$$購買履歴.顧客番号 \subseteq 顧客.顧客番号$$

が成立すると考えられるため，中間結果として得られる結合結果の組数は 200 万行となる．選択演算はこの 200 万行の中間結果を対象に実行し，最終的に組数 20 万行の結果を得る．

　一方，式 (7.2) の中間結果として得られる選択演算

$$\sigma_{(年齢 \geq 30) \wedge (年齢 \leq 39) \wedge (ポイント > 10000)} 顧客 \qquad (7.3)$$

7.11 問合せ処理※

の結果の組数は 1 万行となる．したがって，その後の結合は組数 1 万行と 200 万行の関係の結合になる．1 人あたり平均 20 件の購買履歴があるという仮定の下で，この結合結果の組数は 20 万行になる．

以上の結果から，中間結果の大きさは式 (7.1) よりも式 (7.2) のほうが小さいため，全体的な処理コストは式 (7.2) のほうが低いと予想できる．

▌4. 選択演算処理

選択演算の処理では，選択条件に現れる属性上にある索引を用い，条件を満足する組を早めにしぼり込むことが重要である．

例えば，図 7.13 (204 ページ) のようなファイル編成の場合に，年齢が 30 歳台で，ポイントが 10000 以上の顧客を検索する式 (7.3) の選択演算を考える．この場合，以下のアクセス経路が考えられる．

(1) ポイントを索引キーとする B+ 木をたどり，該当するもとの関係ファイルのページを順にアクセスし，その中のレコードのうち年齢が 30 歳台のレコードを残す．

もし，図 7.13 において，ポイント上の B+ 木索引に加えて，年齢の上にも別の B+ 木索引が存在すれば，上のアクセス経路に加えて次のようなアクセス経路も候補に加わる．

(2) 年齢をキーとする B+ 木をたどり，該当するもとの関係ファイルのページを順にアクセスし，その中のレコードのうちポイントが 10000 より大きいレコードを残す．

(3) 年齢をキーとする B+ 木をたどり，該当するもとの関係ファイルのページ番号の集合を得る．
同様に，ポイントをキーとする B+ 木をたどり，該当するもとの関係ファイルのページ番号の集合を得る．
2 つのページ番号集合の共通集合を求め，その結果に残ったページ番号のページにアクセスする．

データベース管理システムの問合せ処理部は，これらのアクセス経路のうち，処理コストの見積もりが最小のものを選択し実行

する．

5. 結合演算処理

結合演算は，問合せによく現れ，しかも処理コストが高い．そのため，結合はその処理コストが問合せ全体の処理コストに重大な影響を与えることが多く，これまで処理方法に関する多くの研究がなされてきた．

代表的な結合処理法として，入れ子ループ法，ソートマージ法，ハッシュ結合法が知られている．

ここでは，2つの関係（R と S とする）の結合を対象とし，これらの結合処理法の概略を説明する．

入れ子ループ法[*1]（図 7.16(a)）：一方の関係（R）の組を1つずつ操作し，それぞれの組に対して，他方の関係（S）の組をすべて走査して結合できる組合せを見つける．

*1 nested loop

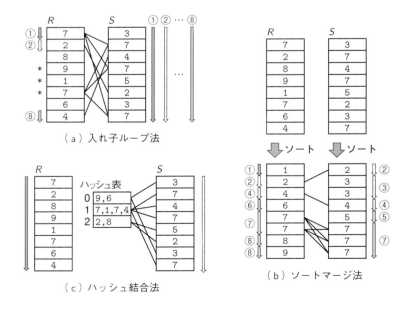

図 7.16　結合演算処理法

入れ子ループのアルゴリズムになるため，この名前がつけられている．

内側のループに対応する関係（S）は，外側のループに対応する関係（R）の組数[*1] だけ，走査が必要になる．

ソートマージ法[*2]（図 7.16(b)）： 最初に，R と S 両方の関係を結合属性の値でソートする．次に，ソート後の関係を前から順に走査し，結合できる組の組合せを見つける．

ソート後の 2 つの関係は，いずれも 1 回走査すればよい．

ハッシュ結合法[*4]（図 7.16(c)）： 一方の関係（R）を走査し，各組の結合属性の値にハッシュ関数を適用し，その結果にしたがって各組を主記憶のハッシュ表に格納する．

次に，他方の関係（S）を走査し，各組の結合属性の値に同じハッシュ関数を適用し，ハッシュ表の中から結合可能な R の組を見つける[*5]．2 つの関係は，いずれも 1 回走査すればよい．

実際には，結合処理に使える主記憶領域の大きさや，索引の有無により，種々の発展アルゴリズムが存在する．また，複数の計算機による並列処理や，3 つ以上の関係の結合を一度に処理する方法など，さまざまな高速化手法が考えられている．

●**本章のおわりに**●

データは増加の一途をたどっており，それを格納する記憶装置のシステムも多様な進化の途上にある．最近の動向については文献 17) が詳しい．

B+ 木は探索キーが 1 次元のデータのための木構造索引であるが，探索キーが 2 次元以上の，高次元データのための木構造索引として R 木[18]がよく知られている．

本書は，文字列や数値などのデータを扱うデータベースを対象としたが，図形，画像，音声，音楽，動画などのマルチメディアデータを対象としたデータモデル，検索，索引などについては，宝珍による教科書[19]が詳しい．

大量データ上の複雑な問合せは処理に長い時間がかかることがある．計算機システムやデータベースの内部スキーマを正確に反映した計算機システムやデータベースの内部スキーマを構築することは困難であ

[*1] 実際はページ数．

[*2] 整列併合法[*3]とも呼ぶ．

[*3] sort merge

[*4] hash join

[*5] 図 7.16(c)は，ハッシュ関数を $h(k) = k \mod 3$ とした例である．

第 7 章　データの格納と問合せ処理

り，そのため，問合せを実行する前にその処理時間を予想することは
容易ではない．そこで，最近はコストモデルをブラックボックス化し，
過去の問合せと処理時間を学習データとし機械学習により問合せ処理
時間などを予測する手法も開発されている[20]．

演習問題

問 1　B+ 木に関する以下の設問に答えよ．

1. 図 7.11 (202 ページ) の B+ 木に，探索キーが 70000 のレコード
を挿入した後の，B+ 木を与えよ．

2. 図 7.10 (202 ページ) の B+ 木から，探索キーが 1835 のレコード
を削除した後の B+ 木を与えよ．

さらに，その B+ 木から，探索キーが 61030 のレコードを削除し
た後の B+ 木を与えよ．

問 2　次の問合せを図 7.13 (204 ページ) と図 7.14 (205 ページ) の
ファイル編成を用いて処理する場合，索引および関係ファイルの
どのページをアクセスする必要があるか，説明せよ．

```
SELECT  *
FROM    顧客
WHERE   ポイント >= 200
AND     ポイント <= 10000
```

第8章

トランザクション

現代社会は

- 銀行システム
- 旅行やイベントの予約システム
- 携帯電話課金システム
- 電子商取引システム
- 年金システム

など，多くの情報システムに依存している．これらの情報システム
が障害により停止した場合の社会的損失は甚大なものとなる．情報
システムを設計する際には，障害は起こりうるものとして想定して
おく必要がある．データは資産であり，情報システムに障害が生じ
てもデータが消失したりデータに不整合が生じたりすることがない
ようにしなければならない．

　一方，情報システムには膨大な量の検索，更新要求を高速処理す
ることが求められており，そのためには，複数の要求を並行的に処
理する必要がある．この場合，注意深く処理順序を決定しなければ
結果のデータに不整合が生じる場合がある．

　現実世界の取引を情報システム上で実行し記録することは，デー
タベース操作を伴うある応用プログラムを実行することに対応
する．

第8章　トランザクション

　トランザクションとは，簡単に定義すると，このような応用プログラムの実行のことである．トランザクションの概念を用いることにより，個々の応用プログラムは，障害回復や並行的な処理を個別に考慮するのではなくデータベース管理システムに対処を委ねることができ，データベース管理システムは，不整合の生じない障害回復や並行的な処理の方法を体系的に構築することができる．

■ 8.1　トランザクションの必要性

　ここでは，簡単な例を用いて，トランザクションの概念の必要性をみていくことにする．
　AがBに10000円送金する場合を考えよう．AとBは同じ銀行に口座をもっているものとする．この場合，送金とは銀行のデータベースにおいてAの口座残高を10000円減らし，Bの口座残高を10000円増やす操作を実行することに対応する．
　簡単のため，銀行の口座データベースの関係スキーマを

口座 (<u>口座番号</u>，名義人，残高)

で表すことにし，AとBの口座番号をそれぞれ001と002とすると，この送金は次のような2つのSQL更新文を実行することにより実現できる．

```
UPDATE  口座
SET     残高 = 残高 - 10000
WHERE   口座番号 = 001;            …（更新文 A）


UPDATE  口座
SET     残高 = 残高 + 10000
WHERE   口座番号 = 002;            …（更新文 B）
```

　ここで，もし（更新文 A）を実行直後にシステムに障害が生じ，（更新文 B）が実行されなかったとしよう．その場合，Aの口座残高からは10000円が引かれたにもかかわらず，その10000円が

B の口座残高には加えられていないという不整合が生じる.

このような事態は,銀行の信用問題にかかわるため,絶対に避けなければならない.この例の場合は,(更新文 A)と(更新文 B)のいずれか 1 つだけを実行しただけでは,送金という 1 つの処理を実行したことにはならず,両方の更新文を実行しなければならない.

このように,1 つ以上のデータベース操作を含む意味的なまとまりのある処理の,1 回の実行のことを**トランザクション**[*1] と呼ぶ.上の例では,(更新文 A)と(更新文 B)の 2 つのデータベース操作を合わせると,送金という意味的にまとまりのある処理となる.

トランザクションは**原子的**[*2] でなければならない.すなわち,トランザクションは実行の最小単位であり,トランザクション中の操作をすべて実行するか,あるいはまったく実行しないかのいずれかしか,許さないようにしなければならない.

上の例のように,トランザクションの途中で障害などにより処理が終了した場合は,データベース管理システムは,以下のいずれかの処理を実行することにより,トランザクションが原子的であることを保証しなければならない.

- (更新文 A)を取り消し,トランザクションが何も実行されない状態に戻す

または

- 障害から回復後に(更新文 B)を実行してトランザクション中の操作がすべて実行された状態に進める.

*1 transaction

*2 atomic

■ 8.2 SQL のトランザクション管理

「何が意味的にまとまりのある処理か」は,データベース管理システムが自動的に判定することはできないため,応用プログラムにおいて明示的に指定する必要がある.そのため,応用プログラムから以下の呼び出しが必要となる.

第8章 トランザクション

1. **トランザクションの開始**

   ┃ → 標準 SQL では，START TRANSACTION

2. **トランザクションの正常終了（コミット）**

   ┃ → 標準 SQL では，COMMIT

　ただし，トランザクションは処理の状況によっては異常終了する可能性もあり，その場合，応用プログラムはトランザクション全体の取消しを必要とする．そこで，次の呼出しも必要となる．

3. **トランザクションの異常終了（ロールバック）**

   ┃ → 標準 SQL では，ROLLBACK

　例えば，先の送金の例では，最初に A の口座から 10000 円を引き出したときに残高がマイナスになるなどエラーが生じた場合は，ROLLBACK すべきである．したがって，トランザクションに関する呼出しを含む送金トランザクションの概略は図 8.1 のようになる[1]．

> *1 これは正式なコードではなく，概略であることに注意されたい．

```
START TRANSACTION;

UPDATE 口座
SET    残高 = 残高 - 10000
WHERE  口座番号 = 001;

if error then ROLLBACK;

UPDATE 口座
SET    残高 = 残高 + 10000
WHERE  口座番号 = 002;

if error then ROLLBACK;
COMMIT;
```

図 8.1　送金トランザクションの概略

8.3 トランザクションの定義

データベース管理システムは，磁気ディスクや SSD などの永続的記憶装置において，データをページ単位で管理している．したがって，トランザクション内の各操作対象をページ単位でとらえることにより，関係表，ビュー，索引など多様な操作対象を一律にモデル化できる．また，操作自身は読出し[*1] または書込み[*2] である．したがって，トランザクションは以下のように形式的に定義することができる．

*1 read

*2 write

定義 8.3.1 トランザクションは，データベースに対する 1 つ以上の操作からなる列 $\langle o_1, o_2, \ldots, o_n \rangle$ である．ここで，各操作 o_i は $R(x)$ または $W(x)$ のいずれかである．x はページを表し，$R(x)$ は x の読出し，$W(x)$ は x の書込みを表す．

個々の操作がどのトランザクションのものであるかを明記する必要がある場合は，R, W の添え字としてトランザクション番号を記す．例えば，$R_i(x)$ はトランザクション T_i の中の読出し操作であることを表す． □

例 8.3.1 例えば，図 8.1 のトランザクションをこの定義にしたがって表現してみよう．

このトランザクションでは，最初の UPDATE 文で，口座番号が 001 のレコードを読み出し，その内容を更新して書き込んでいる．次の UPDATE 文では，口座番号が 002 のレコードに対して同様の操作を行っている．

したがって，口座番号 001 と 002 のレコードを含むページをそれぞれ x_1, x_2 とすると，図 8.1 のトランザクションは

$$\langle R(x_1), W(x_1), R(x_2), W(x_2) \rangle$$

のように表現できる． □

第8章　トランザクション

中断（アボート）の扱い

　例 8.3.1 のトランザクションの表現は，エラーが生じなかった場合であり，実際にはエラーが生じるかもしれない．

　最初の更新文でエラーが発生すると，トランザクションは次のようになる．

$$\langle R(x_1), W(x_1), A \rangle$$

*1　abort

ここで，A は中断[*1]を表す．

　また，2 つめの更新文でエラーが生じると，トランザクションは次のようになる．

$$\langle R(x_1), W(x_1), R(x_2), W(x_2), A \rangle$$

　このような場合は，中断前に実行したデータベースに対する操作を取り消す必要がある．ただし，この話題についてはトランザクションの回復（8.5 節，238 ページ）において説明するため，ここではトランザクションはすべて正常終了し，中断は生じないものと仮定している．

8.4　並行処理制御

　通常，データベース管理システムでは，多くのトランザクションが実行される．異なるトランザクションがほぼ同時に実行されるとき，データベース管理システムがその処理順序をうまく制御しなければ，利用者の意図とは無関係に，その結果が不整合なものとなってしまう場合がある．まず簡単な例を用いて，そのような場合を説明する．

　ある会社の従業員 A, B の月額給与はともに 30 万円だったとしよう．図 8.2 に示す従業員の給与に対する 2 つのトランザクションを考える．T_1 は，2 人の給与を一律に 10 万円昇給させるトランザクションであり，T_2 は，2 人の給与を一律に 10% 昇給させるトランザクションである．

　この会社は最近非常に業績がよいため，この 2 つのトランザクションがほぼ同時に実行されたとする．もし，T_1 が先に実行され，その後 T_2 が実行されると，2 人の給与はともに 44 万円になり，逆に T_2, T_1 の順序で実行されると，2 人の給与はともに 43 万円になる．いずれの場合も 2 人の給与は等しい．

$$T_1: \quad A \leftarrow A + 100{,}000 \qquad\qquad T_2: \quad A \leftarrow A \times 1.1$$
$$B \leftarrow B + 100{,}000 \qquad\qquad\qquad B \leftarrow B \times 1.1$$

図 8.2　2 つのトランザクションの例

$$A \leftarrow A + 100000$$
$$A \leftarrow A \times 1.1$$
$$B \leftarrow B \times 1.1$$
$$B \leftarrow B + 100000$$

図 8.3　トランザクション T_1, T_2 のあるスケジュール

　ところが，データベース管理システムがこれら 2 つのトランザクション中の操作をシャッフルし，図 8.3 の順序で実行したとする．この結果，A の給与は 44 万円だが B の給与は 43 万円となり，2 人の額が異なることになる．トランザクション T_1, T_2 の実行者はいずれも A と B を公平に扱っているにもかかわらず，データベース管理システムが決定した処理順序のために，結果的に不公平な扱いとなってしまっている．当然，このような事態は避けなければならない．

　複数のトランザクションを並行に実行しても，このような不整合が生じないように制御することを**並行処理制御**[*1] と呼ぶ．並行処理制御は，多くのトランザクションを，正しく高速に実行するためのデータベース管理システムの必須機能である．

*1　concurrency control

　ここで先の図 8.3 は，2 つのトランザクションからなる，ある 1 つのスケジュールを示している．この例を用いて，並行処理制御の説明をするために，まずスケジュールを定義する．

定義 8.4.1　トランザクション集合 $\{T_1, T_2, \ldots, T_m\}$ に対し，各トランザクションの操作の順序関係を保存したままで，すべてのトランザクションの操作を並べた列を，トランザクション集合 $\{T_1, T_2, \ldots, T_m\}$ の**スケジュール**[*2] と呼ぶ．

*2　schedule

　いいかえると，スケジュールとは，トランザクションの操作列をすべてシャッフル[*3] して得られる操作列である．　　　　　　□

*3　shuffle

第8章　トランザクション

例 8.4.1 　　次の2つのトランザクションからなる集合 $\{T_1, T_2\}$ を考える.

$$T_1:\quad \langle R_1(a), W_1(a), R_1(b), W_1(b)\rangle$$
$$T_2:\quad \langle R_2(a), W_2(a), R_2(b), W_2(b)\rangle$$

これらのトランザクションは，図 8.2 に示したトランザクションにおいて，従業員 A, B の給与データを含むページがそれぞれ a, b の場合に対応する.

このとき，次の操作列は $\{T_1, T_2\}$ のスケジュールである.

$$\langle R_1(a), W_1(a), R_2(a), W_2(a), R_2(b), W_2(b), R_1(b), W_1(b)\rangle$$

このスケジュールを S_1 と呼ぶことにする.

S_1 は，図 8.3 のスケジュールに対応する. □

今後，見やすさのために，スケジュールを構成する各トランザクションを各行で表し，スケジュールに現れる操作を左から右に配置する方法でスケジュールを表すことがある．例えば，例 8.4.1 のスケジュール S_1 は次のように表現する.

S_1

$T_1:$	$R(a)$	$W(a)$				$R(b)$	$W(b)$
$T_2:$			$R(a)$	$W(a)$	$R(b)$	$W(b)$	

定義 8.4.2 　トランザクション集合 $\{T_1, T_2, \ldots, T_m\}$ のスケジュールであり，しかも $T_1, T_2, \ldots, T_m$ をある順序で並べ替えて得られるトランザクション列に対応する操作列と等しいものを，$\{T_1, T_2, \ldots, T_m\}$ の **直列スケジュール**[*1] と呼ぶ. □

*1
serial schedule

8.4 並行処理制御

例 8.4.2 　　次のスケジュールは，例 8.4.1 の 2 つのトランザクションを並べた T_2T_1 によって得られる操作列と等しいため，トランザクション集合 $\{T_1, T_2\}$ の直列スケジュールである．

S_2

$T_1:$					$R(a)$	$W(a)$	$R(b)$	$W(b)$
$T_2:$	$R(a)$	$W(a)$	$R(b)$	$W(b)$				

□

図 8.3 (223 ページ) のスケジュール，すなわち，それを表現するスケジュール S_1 は好ましくないと考えられる．では，どのようなスケジュールは「好ましい」と考えるべきであろうか．

直観的には，直列スケジュールであれば，どのようなものでも好ましいと考えられる．また，直列スケジュールと等価なスケジュール[*1] も好ましいと考えられる．

ただし，この「等価」の定義にはいくつかの考え方が存在する．

*1 　直列化可能スケジュール[*2]と呼ぶ．

*2 serializable schedule

▌1.　最終状態直列化可能性

「スケジュールの好ましさ」の自然な定義として，データベースに対して，直列スケジュールと同じ効果を与えるスケジュールを好ましいとする考え方がある．

このような考えに基づく正しいスケジュールを定義するために，まずスケジュールの等価性を次のように定義する．

定義 8.4.3　スケジュール実施前のデータベースの値がどのようなものであっても，スケジュール S を実行することによるデータベース内のページ集合に対する効果が，スケジュール S' を実行することによる効果と同じであるなら，S と S' は**最終状態等価**[*3] であるという．

*3 final state equivalent

□

次に，この概念を用いて，最終状態直列化可能スケジュールの概念を定義する．

225

第8章　トランザクション

＊1　final state
serializable
schedule

定義 8.4.4　ある直列スケジュールと最終状態等価なスケジュール
を**最終状態直列化可能スケジュール**＊1 という.　　　　　　　　□

例 8.4.3 　　　例 8.4.1 (224 ページ) の 2 つのトランザクション
T_1, T_2 のスケジュールとして，以下を考える.

S_3

$T_1:$			$R(a)$		$W(a)$		$R(b)$	$W(b)$
$T_2:$	$R(a)$	$W(a)$		$R(b)$		$W(b)$		

このスケジュールは例 8.4.2 の直列スケジュール S_2 と最終状態
等価であるため，最終状態直列化可能スケジュールである.

S_3 が S_2 と最終状態等価であることは，直観的には，いずれのスケ
ジュールにおいてもトランザクション T_1 はトランザクション T_2 が
書き込んだデータ a と b を読み出しており，最終的には，T_1 が書き
込んだデータがデータベースに記録されることから確認できる.　□

　一方，例 8.4.1 のスケジュール S_1 は，図 8.3 に示したスケジュー
ルに関する考察からわかるように，最終状態直列化可能ではないこ
とがわかる.

　最終状態直列化可能性は，スケジュールの好ましさの基準として
自然ではあるが，実用上は次のような問題点がある.

(1)　最終状態等価性は，スケジュールの完全な情報があってはじ
めて判定できる.
　　データベース管理システムの実際のスケジューラは，実行
途中の多くのトランザクションからの操作を受け付け，瞬時
に「好ましい」スケジュールを作成する必要があるため，ス
ケジュールの完全な情報を必要とする最終状態等価性は実際
には使えない.

(2)　2 つのスケジュールの最終状態等価性判定問題は NP 完全で
ある.

　そのため，実際には，最終状態直列化可能性よりも条件が厳しい，

226

衝突直列化可能性という概念が用いられる.

▌2. 衝突直列化可能性

読出し操作のみを含む複数のトランザクションの任意のスケジュールは,そのまま実行しても,何の問題も生じないことは明らかである.したがって,あるスケジュールにおいて問題を生じる可能性がある操作の対は,同じデータ x に対する異なるトランザクション T_i, T_j に属する次のような操作である.

(1) $R_i(x)$ の後に $W_j(x)$ が現れる.

(2) $W_i(x)$ の後に $R_j(x)$ が現れる.

(3) $W_i(x)$ の後に $W_j(x)$ が現れる.

あるスケジュールにおける,このような2つの操作の順序対のことを**衝突対**と呼び,すべての衝突対の集合を**衝突関係**と呼ぶ.

例 8.4.4　　以下は,例 8.4.3 のスケジュール S_3 における衝突関係である.

$$\{(R_2(a), W_1(a)),$$
$$(W_2(a), R_1(a)),$$
$$(W_2(a), W_1(a)),$$
$$(R_2(b), W_1(b)),$$
$$(W_2(b), R_1(b)),$$
$$(W_2(b), W_1(b))\}$$

□

*1 conflict equivalent

定義 8.4.5　2つのスケジュール S, S' は,以下の2つの条件を満足するならば,**衝突等価**[*1] であるという.

(1) S と S' に現れる操作の集合は等しい.

(2) S と S' の衝突関係は等しい.

□

*2 conflict serializable schedule

定義 8.4.6　ある直列スケジュールと衝突等価なスケジュールを,**衝突直列化可能スケジュール**[*2] という.

□

第8章 トランザクション

例 8.4.5 例 8.4.3 のスケジュール S_3 は，直列スケジュール $T_2 T_1$ と操作の集合が等しい．

また，S_3 の衝突関係は，例 8.4.4 で与えられるが，これは直列スケジュール $T_2 T_1$ の衝突関係と等しいことがわかる．

したがって，S_3 は，衝突直列化可能スケジュールである．　　□

例 8.4.6 例 8.4.1 のスケジュール S_1 の衝突関係は

$$\{(R_1(a), W_2(a)),$$
$$(W_1(a), R_2(a)),$$
$$(W_1(a), W_2(a)),$$
$$(R_2(b), W_1(b)),$$
$$(W_2(b), R_1(b)),$$
$$(W_2(b), W_1(b))\}$$

であり，これは直列スケジュール $T_1 T_2$ および $T_2 T_1$ のいずれの衝突関係とも異なる．

したがって，S_1 は，衝突直列化可能スケジュールではない．　　□

スケジュールが衝突直列化可能かどうかは，次に定義する衝突グラフによって判定することができる．

定義 8.4.7　トランザクション集合 $\{T_1, T_2, \ldots, T_n\}$ のスケジュール S が与えられたとき，ノードの集合 N，有向枝[*1] の集合 E からなる以下の有向グラフ (N, E) を S の**衝突グラフ**[*2] という．

*1　グラフのノード間をつなぐ枝で，向きが付いているもの．

*2
conflict graph

- $N = \{T_1, T_2, \ldots, T_n\}$
- $E = \{(T_i, T_j) \mid (O_i(x), O_j(x))$ は S における衝突対．
  ただし，$O_i \in \{R_i, W_i\}$, $O_j \in \{R_j, W_j\}$,
  x はあるデータ．$\}$

□

図 8.4 スケジュール S_1 の衝突グラフ　図 8.5 スケジュール S_2 と S_3 の衝突グラフ

例 8.4.7　スケジュール S_1 の衝突グラフは図 8.4 になり，スケジュール S_2 と S_3 の衝突グラフはいずれも図 8.5 になる． □

定理 8.4.1　スケジュール S の衝突グラフが有向閉路[*1]をもたないとき，また，そのときに限り，S は衝突直列化可能である． □

*1 あるノードから順に，枝を向きに沿ってたどっていったときに，もとのノードに戻る経路があった場合，その経路のこと．

例 8.4.8　以下のスケジュール S_4 の衝突グラフは，図 8.6 に示される．

S_4

T_1:	$R(a)$			$W(a)$		
T_2:		$R(b)$	$W(b)$			
T_3:					$R(b)$	$W(a)$

衝突グラフは有向閉路をもたないため，このスケジュールは衝突直列化可能である．

また，衝突グラフのノードをトポロジカルソートして得られる直列スケジュール $T_1 T_2 T_3$，または $T_2 T_1 T_3$ と衝突等価である． □

定理 8.4.2　衝突直列化可能なスケジュールは，最終状態直列化可能である． □

定理 8.4.2 は容易に証明できる．しかし，次の例からこの定理の逆は成立しないことがわかる．

例 8.4.9 （最終状態直列化可能だが衝突直列化可能ではないスケジュール）

以下のスケジュール S_5 の衝突グラフは図 8.7 のようになり，有向閉路をもつ．しかし，データベースの最終状態は，直列スケジュール $T_1T_2T_3$ または $T_2T_1T_3$ と等価であるため，最終状態直列化可能である．

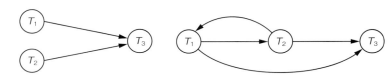

図 8.6　スケジュール S_4 の衝突グラフ　　　図 8.7　スケジュール S_5 の衝突グラフ

このスケジュールにおいて，トランザクション T_1 の有無は最終状態に影響を与えないことに注意されたい．　　　　□

3. 並行制御アルゴリズム

*1　scheduler

データベース管理システムの**スケジューラ**[*1]は，利用者や応用プログラムにより生成された複数のトランザクションから，ある並行制御アルゴリズムに基づいてスケジュールを作成する．

トランザクションはプログラムの実行であるため，一般には条件分岐や繰返しが存在する．したがって，スケジューラは，各トランザクションが将来要求するすべての操作をあらかじめ把握しているわけではない．

そのため，並行制御アルゴリズムは，

(1)　スケジュールのうちすでに作成した部分

$$\begin{array}{ccc}
& \longleftarrow & \underline{o_{12}, o_{13}, o_{14}} \quad : T_1 \\
& & (2)
\end{array}$$

$$\underline{o_{21}, o_{22}, o_{11}} \quad \longleftarrow \quad \boxed{\text{ス ケ ジ ュ ー ラ}}$$
$$(1)$$

$$\begin{array}{ccc}
& \longleftarrow & \underline{o_{23}, o_{24}} \quad : T_2 \\
& & (2)
\end{array}$$

図 8.8　スケジューラによるスケジューリング

| $T_1:$ | | | o_{11} | o_{12} | o_{13} | o_{14} |
| $T_2:$ | o_{21} | o_{22} | | o_{23} | o_{24} | |

図 8.9　スケジュールの視覚的表現

(2)　各トランザクションにおけるスケジュール未作成部分の先頭からいくつかの操作

の 2 つを入力とするオンラインスケジュールとなる．

　並行制御アルゴリズムの各ステップでは，次に実行すべきトランザクションを 1 つ選択し，そのトランザクションのスケジュール未作成部分の先頭にある操作を取り出し，それをすでに作成したスケジュールの最後尾に移動する．並行制御アルゴリズムは，このような処理を順次繰り返していく．

　図 8.8 は，並行制御アルゴリズムによるこのような処理の様子を一般的に表したものである．o_{ij} はトランザクション T_i の j 番目の操作を表し，下線を施した部分は並行制御アルゴリズムが入力として利用できる情報とする．下線の下の番号は，前述の説明に対応する．この図の例では，T_1 のスケジュール未作成部分のうち，先頭 2 つの操作がスケジューラの入力として利用可能である．図 8.8 の状態で，並行制御アルゴリズムは (1)(2) の情報をもとに，o_{12} または o_{23} のいずれかの操作を選択し，スケジュールに組み込む．

　トランザクション集合 $\{T_1, T_2, \ldots, T_n\}$ が与えられたとき，ある時点においてスケジューラによって作成中であり，まだトランザクションのすべての操作を含んでいないスケジュールを，**作成中スケジュール**と呼ぶ．例えば，図 8.8 において，操作列 $\langle o_{21}, o_{22}, o_{11} \rangle$ は，トランザクション集合 $\{T_1, T_2\}$ の作成中スケジュールである．

第 8 章　トランザクション

　作成中スケジュールの各操作が「どのトランザクションに属していたものか」を視覚的にわかりやすく表示するために，今後，図 8.8 のような作成中スケジュールおよびスケジュール未作成のトランザクション部分を，図 8.9 のように表現する．

　図 8.9 では，縦棒の左側は作成中スケジュールを表し，右側は各トランザクションのうちスケジュール未作成の部分を表す．トランザクションの各操作が右から左に流れていき，ちょうど縦棒のところにスケジューラがあると考えればよい．

　一般に，並行制御アルゴリズムは次の 2 つの条件を満たすことが求められる．

- 安全である．
  - → すなわち，そのアルゴリズムは，衝突直列化可能なスケジュールのみを出力する．
- スケジューリング能力が高い．
  - → すなわち，そのアルゴリズムは，衝突直列化可能なスケジュールのうち，多くの種類を出力する能力をもつ．

　並行制御アルゴリズムはいくつかのものが提案されているが，現在最もよく使われているものは，次に説明するロックを用いたものである．

(i) ロックを用いた並行制御

*1　lock

*2　**施錠**と呼ばれることもある．

　ロック*1*2 を用いた並行制御では，データに「鍵」をかけることにより，複数のトランザクションによるデータ操作の順序を制御する．トランザクションがデータの読み書きを行う前に，スケジューラがそのデータをロックし，他のトランザクションの操作を制限する．

*3　unlock

*4　**解錠**と呼ばれることもある．

　また，トランザクションによるデータの読み書きが終了すれば，そのデータを**アンロック***3*4 する．アンロック後には他のトランザクションによる操作の制限が解除される．

　ロックには次の 2 種類のものがある．

*5　read lock
*6　shared lock
*7　write lock
*8　exclusive lock

- **読出しロック***5　（**共有ロック***6 ともいう）
- **書込みロック***7　（**占有ロック***8 ともいう）

8.4 並行処理制御

表 8.1 ロックの両立性

		T_j が新たに要求するロック	
		読出し $L_j^{(\mathrm{R})}(x)$	書込み $L_j^{(\mathrm{W})}(x)$
T_i がすでに保持	読出し $L_i^{(\mathrm{R})}(x)$	○	×
している ロック	書込み $L_i^{(\mathrm{W})}(x)$	×	×

また，それぞれのロックに対応する次の 2 種類のアンロックがある．

*1 read unlock

*2 write unlock

- **読出しアンロック***1
- **書込みアンロック***2

トランザクション T_i によるデータ x の読出しロック，書込みロックをそれぞれ $L_i^{(\mathrm{R})}(x)$，$L_i^{(\mathrm{W})}(x)$ で表すものとする．また，トランザクション T_i によるデータ x の読出しアンロック，書込みアンロックをそれぞれ $U_i^{(\mathrm{R})}(x)$，$U_i^{(\mathrm{W})}(x)$ で表すものとする．あるスケジュールにおいて，あるトランザクション T_i の読出しロック $L_i^{(\mathrm{R})}(x)$ を実行したが，読出しアンロック $U_i^{(\mathrm{R})}(x)$ を実行していない状態のとき，T_i は x に対する読出しロックを保持しているという．また，書込みロックの保持も同様に定義する．

データの読出し（書込み）操作は，読出し（書込み）ロックを保持しているときにのみ可能とする．あるトランザクション T_i があるデータの読出しロックを保持している場合，他のトランザクション T_j $(i \neq j)$ はそのデータの読出しはできるが，書込みはできない．また，あるトランザクション T_i があるデータの書込みロックを保持している場合，他のトランザクション T_j $(i \neq j)$ はそのデータの読出しも書込みもできない．表 8.1 は，このような異なるトランザクションによる同じデータに対するロックの保持に関する両立性の関係をまとめたものである．表 8.1 は，衝突等価性における操作の衝突対の概念と似ていることに注意されたい．

ロックを用いた並行制御に基づくスケジューラは，スケジュール

第8章　トランザクション

作成の各ステップで，ある1つのトランザクションの未処理部分の先頭にある操作を選び，その操作に加え，必要となるロックまたはアンロックを挿入し，作成中スケジュールの最後尾に追加する．このとき，作成されるスケジュールは，ロック，アンロックによる制限に則ったもの，すなわち合法的なものでなければならない．

定義 8.4.8　トランザクション集合 $\{T_1, T_2, \ldots, T_n\}$ が与えられたとき，（作成中）スケジュールは，次のすべての条件を満足するときに，**合法的スケジュール**[*1] であるという．

*1
legal schedule

(1) 操作 $R_i(x)$ $(W_i(x))$ より前に，必ずロック $L_i^{(\mathrm{R})}(x)$ $(L_i^{(\mathrm{W})}(x))$ が現れる．

(2) スケジュールの場合は，操作 $R_i(x)$ $(W_i(x))$ より後に必ずアンロック $U_i^{(\mathrm{R})}(x)$ $(U_i^{(\mathrm{W})}(x))$ が現れる．[*2]

*2 作成中スケジュールの場合は，アンロックが現れない場合があってもよい．

(3) ある2つのトランザクションが同じデータのロックを保持している場合は，表8.1に示した両立性にしたがわなければならない．

　　すなわち，それら2つのロックは，いずれも読出しロックでなければならない．

(4) トランザクション T_i とデータ x に対し，$L_i^{(\mathrm{R})}(x)$ が2回以上現れることはない（$L_i^{(\mathrm{W})}(x)$ についても同様）．

(5) トランザクション T_i とデータ x に対し，$U_i^{(\mathrm{R})}(x)$ が2回以上現れることはない（$U_i^{(\mathrm{W})}(x)$ についても同様）．

　合法的スケジュール以外のスケジュールを，**非合法的スケジュール**[*3] という．

*3 illegal schedule

　例えば，図8.10(a)(b) は，いずれも，スケジューラが例8.4.1（224ページ）の2つのトランザクションのスケジューリングを行っている例であるが，図8.10(a) の作成中スケジュールは合法的スケジュールであるのに対し，図8.10(b) のそれは非合法的スケジュールである．

　なお，図8.10のように，各操作がどの行に存在するかにより，その操作が属するトランザクションが明らかな場合は，簡潔のため，

8.4 並行処理制御

$$
\begin{array}{ll}
T_1: & \quad\quad\quad L^{(\mathrm{R})}(a) \quad R(a) \quad\quad\quad U^{(\mathrm{R})}(a) \\
T_2: & L^{(\mathrm{R})}(a) \quad\quad\quad\quad\quad\quad R(a) \quad\quad\quad\quad U^{(\mathrm{R})}(a)
\end{array} \cdots
$$

$$
\cdots \quad\quad
\begin{array}{ll}
& \quad | \; W(a) \quad R(b) \quad W(b) \\
L^{(\mathrm{W})}(a) \quad W(a) & | \; R(b) \quad\quad W(b)
\end{array}
$$

(a)

$$
\begin{array}{ll}
T_1: & \quad\quad\quad\quad\quad\quad\quad L^{(\mathrm{R})}(a) \quad R(a) \; | \; W(a) \quad R(b) \quad W(b) \\
T_2: & L^{(\mathrm{R})}(a) \quad R(a) \quad W(a) \quad\quad\quad\quad | \; R(b) \quad\quad W(b)
\end{array}
$$

(b)

図 8.10　(a) 合法的スケジュール，(b) 非合法的スケジュールの例

各操作，ロック，アンロックの添え字に記載するトランザクション番号を省略する．

(ii) 2 相ロックプロトコル

複数のトランザクションの操作の中からどのような方法で次に実行する操作を選択すれば，スケジューラは衝突直列可能なスケジュールを得ることができるだろうか．

最もよく使われている方法は，各トランザクションがある規約にしたがうように，ロックおよびアンロックを実行する方法であり，この規約として，次に定義する 2 相ロックプロトコルがある．

定義 8.4.9　ある（作成中）スケジュール中のすべてのトランザクションに関して次のことが成立するならば，その（作成中）スケジュールは，**2 相ロックプロトコル**[*1] にしたがっているという．

> （作成中）スケジュール中の，そのトランザクションに関する，すべてのロック，アンロックの列に注目したとき，どのアンロックもどのロックよりも先に現れない．

□

*1　two–phase locking protocol

*2　**施錠相**[*3]と呼ぶ．

*3　locking phase

すなわち，2 相ロックプロトコルにしたがうスケジュール中の各トランザクションは，ロック，アンロックのみに注目すると，まずロックばかりが現れる部分[*2] が現れ，続いてアンロックばかりが

235

第8章　トランザクション

*1　**解錠相**[*2]と
呼ぶ.

*2　unlocking
phase

現れる部分[*1] が現れる. 2相ロックプロトコルという名前は，そ
れにしたがうトランザクションがこのように2つの相に分けること
ができることに由来する.

　例えば，先の図 8.10(a) は，合法的な作成済みスケジュールであ
るが，T_2 のロック，アンロックの列が，$L^{(\mathrm{R})}(a), U^{(\mathrm{R})}(a), L^{(\mathrm{W})}(a)$
となっているため，2相ロックプロトコルにしたがっていない.

　2相ロックプロトコルについては，次のことが知られている.

定理 8.4.3　　2相ロックプロトコルにしたがう（作成中）スケ
ジュールは，衝突直列化可能である.　　　　　　　　　　　　　□

　この定理は，直観的には，スケジュールが解錠相に入った順にト
ランザクションを並べた直列スケジュールと衝突等価であることか
ら証明できる.

　以下のスケジュールは合法的だが，2相ロックプロトコルにした
がっておらず，衝突直列化可能ではない.

$T_1:$	$L^{(\mathrm{W})}(a)$	$W(a)$	$U^{(\mathrm{W})}(a)$				$\cdots$
$T_2:$				$L^{(\mathrm{W})}(a)$	$W(a)$	$U^{(\mathrm{W})}(a)$	
				$L^{(\mathrm{W})}(b)$	$W(b)$	$U^{(\mathrm{W})}(b)$	
$\cdots$	$L^{(\mathrm{W})}(b)$	$W(b)$	$U^{(\mathrm{W})}(b)$				

　定理 8.4.3 の逆はいえない. 次の例がその反例となっている.

例 8.4.10　　以下のスケジュールは，2相ロックプロトコルにし
たがっていないが，直列スケジュール $T_2 T_1 T_3$ と衝突等価である.

$T_1:$	$L^{(\mathrm{W})}(a)$ $W(a)$ $U^{(\mathrm{W})}(a)$				
$T_2:$				$L^{(\mathrm{W})}(b)$ $\cdots$	
$T_3:$		$L^{(\mathrm{W})}(a)$ $W(a)$ $U^{(\mathrm{W})}(a)$			
		$L^{(\mathrm{W})}(b)$ $W(b)$ $U^{(\mathrm{W})}(b)$			
$\cdots$ $W(b)$ $U^{(\mathrm{W})}(b)$					

□

8.4　並行処理制御

　　実際のデータベース管理システムでは，8.5 節 (238 ページ) で説明する回復可能性の観点から，2 相ロックプロトコルのうち，「書込みアンロックはトランザクション終了時に実行する」という制約を課した厳密な 2 相ロックプロトコルが用いられる.

定義 8.4.10　　トランザクションが保持する書込みロックをトランザクション終了時まで保持し続ける 2 相ロックプロトコルを，**厳密な 2 相ロックプロトコル**[*1] と呼ぶ.　　　　　　□

[*1]
strict two–phase
locking protocol

　　厳密な 2 相ロックプロトコルは，読出しアンロックについては，解錠相で順次実行することを許している.

　　しかし，実際には，各トランザクションが施錠相にあるとき，さらに別のデータのロックを要求するのか，あるいはこれ以上他のデータのロックを必要としないのかをスケジューラが判定することは困難な場合が多い. すなわち，トランザクションがどの時点で施錠相から解錠相に移行するか判定することは難しい.

　　したがって，読出しロック，書込みロックともずっと保持し，トランザクション終了時にアンロックする場合が多い. そのような 2 相ロックプロトコルは **厳格な 2 相ロックプロトコル**[*2][*3] と呼ばれる.

[*2]　rigorous
two–phase
locking protocol

[*3]　強い2相ロックプロトコル
(strong two–
phase locking
protocol)，強く厳密な2相ロックプロトコル(strong
strict two–phase
locking protocol)
と呼ばれることもある.

[*4]　deadlock

(iii) デッドロック

　　ロックを用いたスケジューリングでは，複数のトランザクションが相互に他のトランザクションが保持するロックが解錠されるのを待ち，その結果，それらのトランザクションがすべてそれ以上処理を進められない状態におちいることがある. スケジュールのこのような状態を**デッドロック**[*4] と呼ぶ.

　　2 相ロックプロトコルにしたがうスケジュールも例外ではなく，デッドロックにおちいる場合がある.

　　例えば，簡単な例として次のようなスケジュール S_6 が考えられる. スケジュール S_6 では，トランザクション T_1 は次の操作 $W(b)$ を実行するために，T_2 が保持している b に対する読出しロックが解錠されるのを待っている. 一方，T_2 は次の操作 $R(a)$ を実行する

237

ために，T_1 が保持している a に対する書込みロックが解錠されるのを待っている．

S_6

$T_1:$			$L^{(W)}(a)$	$W(a)$	$W(b)$
$T_2:$	$L^{(R)}(b)$	$R(b)$			$R(a)$

スケジューラはデッドロックを検出し，もしデッドロックが生じた場合はそれを解消しなければならない．デッドロックの検出は，待ちグラフを作成することにより行う．

定義 8.4.11 各トランザクションをノードとし，トランザクション T_j が保持しているロックが解錠されるのを別のトランザクション T_i が待っている場合に，有向枝 (T_i, T_j) をもつ有向グラフを，**待ちグラフ**[*1] と呼ぶ． □

*1 wait-for graph

例 8.4.11　スケジュール S_6 の待ちグラフは図 8.11 のようになる．

図 8.11　スケジュール S_6 の待ちグラフ

□

スケジュールは，待ちグラフが有向閉路をもつとき，またそのときに限り，デッドロック状態であることがわかる．スケジューラは，デッドロックを検出した場合，待ちグラフの，閉路中のいずれかのトランザクションを中断する．

8.5　トランザクションの回復

前節では，トランザクションはすべていつかは正常に終了するものと仮定していたが，実際には，トランザクションは応用プログラ

8.5 トランザクションの回復

> **データウェアハウスを独立して設ける理由**
>
> データウェアハウスを基幹業務データベースとは独立して設ける理由は，トランザクションの面からも説明できる．基幹業務の OLTP 処理は一般にわずかのデータのみを必要とする．例えば，ある顧客がある店舗である商品を購入した取引を記録することなどがこのような OLTP 処理である．一方，解析業務における OLAP の処理は一般にデータベースの多くのデータを必要とする[*1]．
>
> このような OLAP 処理を 1 つのトランザクションとして他の OLTP 処理と混在させると，多くの OLTP 処理がデッドロックなどにより進まなくなり，データベース管理システム全体の処理効率が悪くなる．基幹業務の OLTP 処理は応答速度が非常に重要であるため，OLAP 処理を行うデータウェアハウスは独立のシステムとして構築することが望ましい．

*1 例えば過去3年間の各都道府県，各月の売上げ額など．

ムやデータベース管理システムの都合により途中で中断することがある．例えば，応用プログラムの都合による中断の例としては，図 8.1 (220 ページ) に示した送金トランザクションにおいて，最初の SQL 更新文で残高がマイナスになった場合のトランザクションの異常終了がある．また，デッドロック (237 ページ参照) にかかわるいずれかのトランザクションの中断は，応用プログラムの都合ではなく，データベース管理システムの都合による中断である．

トランザクションが中断した場合は，そのトランザクションが実行した書込みをすべて取り消す必要がある．ところが，スケジュールが衝突直列化可能であっても，トランザクションが中断した場合は，トランザクションの回復の点では望ましくない事態が生じる場合がある．

したがって，スケジュールは直列化可能性の観点のみならず，回復可能性の観点からも検討が必要である．

1. スケジュールの回復可能性

トランザクションが最終的に正常終了したか中断したかを明示するために，今後はトランザクションの末尾に以下のいずれかが存在するものとして議論を進める．

239

第 8 章　トランザクション

*1　commit

*2　abort

C：**正常終了（コミット**[*1]**）**を表す.

A：**中断（アボート**[*2]**）**を表す.

*3　rem は
remittance（送金）
を表すものとする.

　例えば，図 8.1 (220 ページ) に示した送金トランザクション T_{rem} を考えよう[*3]．口座番号 001 と 002 のレコードを含むページをそれぞれ x_1, x_2 とすると，このトランザクションが正常終了した場合は

$$\langle R(x_1), W(x_1), R(x_2), W(x_2), C \rangle$$

のように表現できる.

*4　int は interest
（利子）を表すもの
とする.

　また，このトランザクションとは別に，普通預金口座に利子を支払うトランザクション T_{int} を考える[*4]．ただし，ここで A の口座（口座番号 001）のみが普通預金口座とする．したがって，T_i は，読み書きの操作系列として

$$\langle R(x_1), W(x_1), C \rangle$$

のように表現できる.

　次に，これら 2 つのトランザクションの，次のスケジュールを考える.

S_7

| $T_{\text{rem}}:$ | $R(x_1)$ | $W(x_1)$ | | | | $R(x_2)$ | $W(x_2)$ | C |
| $T_{\text{int}}:$ | | | $R(x_1)$ | $W(x_1)$ | C | | | |

　スケジュール S_7 は衝突直列化可能である．しかし，トランザクションが中断した場合，このスケジュールは回復可能性の点では望ましいものではない．次にこの点をみていくことにしよう.

　トランザクション T_{rem} が 2 つめの SQL 更新文終了後に，エラーにより異常終了したと仮定する．その場合，読み書きの操作系列としては

$$\langle R(x_1), W(x_1), R(x_2), W(x_2), A \rangle$$

となる．したがって，スケジュール S_7 は次のようなスケジュール S_8 となる.

S_8

T_{rem} : $R(x_1)$ $W(x_1)$	$R(x_2)$ $W(x_2)$ A
T_{int} :	$R(x_1)$ $W(x_1)$ C

スケジュール S_8 において，トランザクション T_{int} は，T_{rem} が書き込んだ x_1 の値を読み込み，利子計算後の残高を書き込んだ後に正常終了した．

ところが，その後 T_{rem} が中断したため，T_{rem} が行った書込みは無効とし，データベースの値を書込み前のもとのものに戻さなければならない．

このことは，T_{int} は誤った値に基づいて利子計算をしてしまったことを意味するが，T_{int} はすでに正常終了してしまったために取り消すことができない．すなわち，このような状況が生じると，データベースをもはや正しい状態に回復することは不可能である．

この問題の原因は，まだコミット（正常終了）されていないトランザクション T_{rem} が書き込んだデータ x_1 を，T_{int} が読み込んで，先にコミットしたことによる．このようにコミットされていないトランザクションが書き込んだデータを読み込むことを**ダーティリード**[*1] と呼ぶ．

*1　dirty read

ダーティリードによりデータベースを正しい状態に回復できない事態を防ぐためには，ダーティリードしたトランザクションのコミットは，ダーティリードの対象となったデータを書き込んだトランザクションのコミット後になるようにスケジュールする必要がある．以下にこのようなスケジュールの定義を与える．

定義 8.5.1　スケジュール中の，任意の 2 つのトランザクション T_i, T_j $(i \neq j)$ に対し，以下のことが成立するならば，そのスケジュールは**回復可能な**[*2] **スケジュール**であるという．

*2　recoverable

241

第8章　トランザクション

> T_i が書き込んだデータを T_j が読み込んだ場合は，スケジュールにおい
> て T_i のコミットが T_j のコミットよりも先に現れる.

□

　　上述のトランザクション S_7 は，回復可能ではない. S_7 を回復可
能とするためには，スケジューラは，次のように T_int の C の実行
を遅らせ，T_rem の C を待たなければならない.

S_9

$T_\text{rem}:$ $R(x_1)$ $W(x_1)$ 　　　　　　　$R(x_2)$ $W(x_2)$ C	
$T_\text{int}:$ 　　　　　$R(x_1)$ $W(x_1)$　　　　　　　　C	

　　ところが，スケジュール S_9 にもまだ問題が残っている. もし
T_int による書込み $W(x_1)$ より後に T_rem が中断した場合は，ダー
ティリードをしていた T_int も中断する必要がある.

　　ここで，もし第3のトランザクションがあり，それが T_int が書
き込んだ x_1 を読み込んで別の処理を行っていたとすると，この第
3のトランザクションも中断する必要がある.

　　このように，1つのトランザクションの中断が次々と別のトラン
ザクションの中断を招く事態を**中断の連鎖**[*1] と呼ぶ. このような
事態が生じると，せっかく途中まで実行した多くのトランザクショ
ンを取り止める必要があり，データベース管理システムにおけるト
ランザクションの処理性能が大幅に劣化する.

　　そこで，中断の連鎖を防ぐためには，ダーティリードを完全に防
ぐように，スケジュールに次のようなさらに強い制約を課す必要が
ある.

定義 8.5.2　あるスケジュールは，そのスケジュール中の，任意の
2つのトランザクション T_i, T_j $(i \neq j)$ に対し，次のことが成立す
るならば，**中断連鎖回避的**[*2] **スケジュール**であるという.

*1 cascading abort

*2 avoiding cascading aborts

8.5 トランザクションの回復

> T_i が書き込んだデータを T_j が読み込んだ場合は，スケジュールにおいてその読込みよりも T_i のコミットが先に現れる.

□

S_9 は，中断連鎖回避的ではないことがわかる．S_9 は S_{10} のように変更することにより，中断連鎖回避的となる.

S_{10}

| T_{rem} : | $R(x_1)$ $W(x_1)$ $R(x_2)$ $W(x_2)$ C | |
| T_{int} : | | $R(x_1)$ $W(x_1)$ C |

▌2. トランザクションの回復処理

トランザクションがいつ中断するかはデータベース管理システムにはわからないが，中断した場合には，そのトランザクションが実行した更新操作を取り消してデータベースをもとの状態に戻す必要がある．そこで，データベース管理システムは，トランザクションによる更新操作が実行されるたびに，更新前のデータベースの値を**ログ**[*1]に保持しておく.

*1 log

ログは，データとして更新前のデータベースの値[*2]を保持する．例えば，先のスケジュール S_{10} において，x_1 の初期値[*3]を 10，x_2 の初期値を 20，送金額を 1 とすると，ログは図8.12のようになる.

*2 before image

*3 ここでは簡単のために，単位は〔万円〕であるとする.

S_{10}

	T_{rem}:	$R(x_1)$ $W(x_1)$ $R(x_2)$ $W(x_2)$ C			
	T_{int}:			$R(x_1)$ $W(x_1)$ C
ログ	x_1:	10		9	
	x_2:		20		
	終了/中断:		C		C

図8.12 ログの例

ここで，トランザクション T_{rem} が本来ならばコミット (C) すべき時点において中断 (A) したとする．この時点でのデータベースにおける口座残高の値は，$x_1 = 9$，$x_2 = 21$ であるが，データベー

243

ス管理システムはログを中断時から時間をさかのぼりながらたどっていき，口座残高の値を T_{rem} 開始時の値 $x_1 = 10$, $x_2 = 20$ に戻すことになる．これによりデータベースは，トランザクション T_{rem} 実行前の状態に戻り，新たに別のトランザクションを実行できる．

このように，ログを中断時から逆にさかのぼって調べていき，データベースの値をログに記録された更新前の値に戻すことにより，トランザクションの実行を取り消す操作を **UNDO** と呼ぶ．UNDO を行った後は T_{rem} を再実行する必要がある．これをトランザクションの **REDO** と呼ぶ．

ログのデータは最初は主記憶で管理され，適宜，磁気ディスクなどの永続的記憶領域に記録される．ここで重要なことは，システム障害などによる中断時には主記憶の内容がすべて消失する可能性があることである．したがって，更新後のデータベースの値が主記憶から永続的記憶領域に移動される前に，その更新に対応するログの内容を永続的記憶領域に移動しなければならない．このことを**ログ先行書込み** ($\boldsymbol{WAL}$[*1]) と呼ぶ．

*1 write–ahead logging

ログ先行書込みが行われていれば，トランザクションのコミットがログに記録され，それが永続的記憶領域に移動された段階で，（たとえ，トランザクションにより更新された値が永続的記憶領域に移動前であっても）そのトランザクションは安全にコミットできる．

ログ先行書込みが実行されない場合は，例えば，図 8.12 の例において T_{rem} が実行した $W(x_2)$ の値[*2] が永続的記憶領域に記録されているが，この書込みのログ[*3] が永続的記憶領域に残されていない場合には，中断後の回復処理を行う際に，x_2 の値を T_{rem} 実行前の状態に戻せないことになる．

*2 この例では 21.

*3 この例では，更新前の値が20であるという記録.

┃ 3.　厳密なスケジュール

中断連鎖回避的であっても，まだ別の問題が存在する．新たな2つのトランザクション T_1, T_2 の次のスケジュール S_{11} を考えよう．

8.5 トランザクションの回復

S_{11}

$T_1:$	$R(x_1)$	$W(x_1)$				$W(x_2)$	C	
$T_2:$			$W(x_1)$	$R(x_2)$	$W(x_2)$			C

S_{11} では，ダーティリードは存在しないが，T_2 は x_1 の値を読み込むことなく書込みを行っており，T_1 は x_2 の値を読み込むことなく書込みを行っている．このような書込みを**盲目的書込み**[*1] と呼ぶ．

*1 blind write

このスケジュールで，もし T_1 が最後に中断すると，その書込みを UNDO しなければならない．スケジュールは中断連鎖回避的であるため，T_2 を中断する必要はないが，T_1 の UNDO によって x_1 の値が T_2 による書込み以前の状態に戻ってしまう．

したがって，T_2 の書込みの REDO も必要となる．このように，中断が生じた場合，中断したトランザクションを UNDO するだけではなく，それ以外のトランザクションも REDO しなければならない事態を防ぐためには，次のようにさらに強い制約を課す必要がある．

この制約は，他のトランザクションが書き込んだデータを（読み込まずに）書き込む場合でも，他のトランザクションの終了後でなければならないというものである．

定義 8.5.3　あるスケジュールは，そのスケジュール中の，任意の2つのトランザクション T_i, T_j $(i \neq j)$ に対し，以下のことが成立するならば，**厳密な**[*2] **スケジュール**であるという．

*2 strict

T_i が書き込んだデータを T_j が読み出した（または書き込んだ）場合は，スケジュールにおいて T_i が（コミットまたは中断により）終了してから，T_j の読出しまたは書込みが現れる．

□

次のスケジュール S_{12} は，厳密なスケジュールである．

第8章　トランザクション

S_{12}

$T_1:$	$R(x_1)$			$W(x_2)$		C	
$T_2:$		$W(x_1)$	$R(x_2)$			C	

　これまでに定義した3種類のスケジュールの間に，次の定理のような階層関係が成立することは容易に証明できる．

定理 8.5.1

(1) 中断連鎖回避的なスケジュールは，回復可能である．

(2) 厳密なスケジュールは，中断連鎖回避的である．

□

　S_9 の例により，この定理の (1) の逆が成立しないことがわかり，S_{11} の例により，この定理の (2) の逆が成立しないことがわかる．

　回復可能ないくつかのスケジュールには，上の定理 8.5.1 のような階層関係が存在することがわかった．

　次に，これらのスケジュールと衝突直列化可能スケジュールの関係を調べる．まず，厳密なスケジュール S_{12} は衝突直列化可能ではないことがわかる．スケジュール S_7 は衝突直列化可能であるが，回復可能ではない．

　また，次の定理が成立することは容易に証明できる．

定理 8.5.2　　厳密な2相ロックプロトコルは，厳密なスケジュールのみを生成する．　　　　　　　　　　　　　　　　　　　　　　　□

　以上をまとめると，図 8.13 のような包含関係が成立することがわかる．

　厳密な2相ロックプロトコルは，衝突直列化可能性と回復可能性の両面から望ましいプロトコルであることがわかる．

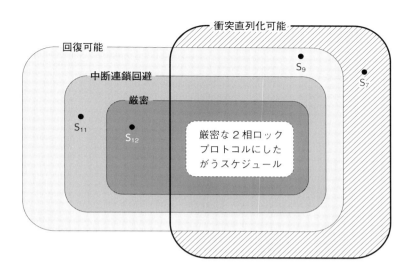

図 8.13 衝突直列化可能スケジュールと回復可能ないくつかの
スケジュールの関係

8.6 隔離性水準

1. 隔離性水準の危険性

　厳密な直列化可能スケジュールは，同じデータに対する読み書きを行うトランザクションが多い場合に，トランザクションの直列スケジュールまたはほぼそれに近いものになる場合があるため，システム全体の性能を上げることは難しい．

　そのため，実際には直列化可能性の条件を緩和したスケジュールを許す場合もある．多くのデータベース管理システムは，その緩和の程度を示すためにいくつかの**隔離性水準**[*1]を設け，応用開発者がそれを選べるようにしている．

　また，標準 SQL でも，次項で説明するように 4 種類の隔離性水準を規定している．しかし，隔離性水準には次のような問題がある．

(1) 直列化可能性の条件を緩和したスケジュールを実行した結果のデータベースには，不整合が生じるかもしれない．

*1 isolation level

第 8 章　トランザクション

(2)　隔離性水準の定義は，標準 SQL や各データベース管理システムで統一されておらず，しかも，定義そのものがあいまいな場合がある．

　したがって，直列化可能性の条件を緩和した隔離性水準の指定は，使用しているデータベース管理システムにおけるその意味に精通した開発者でも，かなり注意深く行わなければならない．

▎2.　標準 SQL の隔離性水準

　標準 SQL では，その緩和の程度を示すために，4 種類の隔離性水準を規定している．これらの水準は好ましくない現象が発生しうるかどうかにより表 8.2 のように定義されている．

*1　JIS規格では"汚れのある読出し"と呼ばれている.

　好ましくない現象のうち，ダーティリード*1 は 241 ページで説明したとおりである．定義 8.5.1 (241 ページ) より，ダーティリードを含まないスケジュールは回復可能である．したがって，表 8.2 より，READ UNCOMMITTED 以外の水準では，回復可能性が満たされていることがわかる．

表 8.2　標準 SQL の隔離性水準と 3 つの好ましくない現象の対応
（○：発生しえないこと，×：発生しうること）

水準 ＼ 現象	ダーティリード	繰返し不可能読出し	幻（ファントム）
SERIALIZABLE	○	○	○
REPEATABLE READ	○	○	×
READ COMMITTED	○	×	×
READ UNCOMMITTED	×	×	×

*2　non-repeatable read

　繰返し不可能読出し*2 は，ある 1 つのトランザクションが表の同じ行をそのトランザクション内で 2 回読み出し，別のトランザクションがそれら 2 回の読出しの間に，その行を修正または削除し，コミットした場合，最初のトランザクションの 2 回の読出し結果が異なる現象である．

*3　phantom

　また，**幻（ファントム）***3 は，1 つのトランザクションがある条件に合う行の集合を読み，次に別のトランザクションがその条件に合う 1 つ以上の行を挿入し，その後，最初のトランザクションが同

じ条件に合う行の集合を読み込んだ場合，最初に読んだ行の集合にはなかった行が現れる現象である．

標準 SQL では，これらの現象について自然言語により直観的に規定を与えており，SERIALIZABLE 以外の隔離性水準を指定した場合の結果を明確には規定しておらず，各データベース管理システムの実装に任せている．

●本章のおわりに●

Weikum と Vossen のトランザクション処理に関する教科書[21]は，網羅的な解説を行っている．

厳密な 2 相ロックプロトコルや厳格な 2 相ロックプロトコルは，トランザクションの並行制御と障害回復の両面から好ましいプロトコルである．

しかし，オークションのように，多くのトランザクションが同じデータに同時に書き込むような応用では，一般にロックに基づく並行制御は性能が低下する．

そこで，データが更新されても前の値を捨てるのではなく古い版として残しておき，トランザクション開始時刻の前後関係に応じて，場合によってはトランザクションの読出し要求に対して古い版のデータを返すことにより，スケジュールの並行性を向上させる**多版並行処理制御**（**MVCC**[*1]）という手法もあり，いくつかのデータベース管理システムで採用されている．

直列化可能性は，トランザクションを一般化しデータベースへの読書きの情報のみに基づいて判定される．しかし，トランザクションの内容を解析することにより，データに対して具体的にどのような変更を行うかという詳細情報を得ることにより，問題なく実行できるスケジュールの種類は増える．例えば，2 つの銀行口座 A, B に入金する 2 つのトランザクション T_1, T_2 は

- T_1 による A への入金
- T_2 による A への入金
- T_2 による B への入金
- T_1 による B への入金

のように直列化可能ではない順序で実行しても問題は生じない．このようにトランザクションの意味の，より深い解析により並行性を向上させる研究も行われている．

＊1　multi version concurrency control.

> 標準 SQL の隔離性水準に対する批判の初期のものとしては，Berenson らの論文[22]がある．

演習問題

問1 データベース上でトランザクションの概念が必要となる理由を，並行制御と障害回復の両面から具体例を用いて説明せよ．

問2 次のスケジュール S が衝突直列化可能かどうかを判定せよ．判定の過程も記述すること．

S

$T_1:$	$R(a)$		$W(a)$	
$T_2:$		$R(a)$		$W(a)$

問3 例 8.4.8（229 ページ）の 3 つのトランザクションからなる衝突直列可能ではないスケジュールの例をあげ，なぜ，そのスケジュールが衝突直列可能ではないかを説明せよ．

問4 次のスケジュール S に存在する問題点を回復可能性の点から論ぜよ．

S

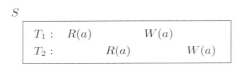

演習問題略解

■ 第 3 章

問 1　(a)　$\pi_{学生名}(\sigma_{(都市="京都")\wedge(年齢=19)}学生)$
　　　　または
　　　　$\pi_{学生名}((\sigma_{都市="京都"}学生) \cap (\sigma_{年齢=19}学生))$
　　　　など.

　　　　(b)　$\pi_{学生番号, 点数}((\sigma_{科目名="人工知能"}科目) \bowtie 成績)$
　　　　または
　　　　$\pi_{学生番号, 点数}(\sigma_{科目名="人工知能"}(科目 \bowtie 成績))$
　　　　など.

　　　　(c)　$\pi_{先生}((\sigma_{年齢\geq20}学生) \bowtie 成績 \bowtie 科目)$
　　　　または
　　　　$\pi_{先生}(\sigma_{年齢\geq20}(学生 \bowtie 成績 \bowtie 科目))$
　　　　など.

　　　　(d)　$\pi_{学生名}(学生 \bowtie 成績 \bowtie (\pi_{科目番号}((\sigma_{学生名="山田"}学生)$
　　　　$\bowtie 成績)))$
　　　　など.

　　　　(e)　$\pi_{学生名}(((\pi_{学生番号, 科目番号}成績) \div (\pi_{科目番号}((\sigma_{学生名="山田"}学生) \bowtie 成績))) \bowtie 学生)$
　　　　など.

　　　　(f)　$\pi_{学生番号}(\sigma_{科目番号="J3"}成績) - \pi_{学生番号}(\sigma_{科目番号 \neq "J3"}成績)$
　　　　または

$$\pi_{学生番号}成績 - \pi_{学生番号}(\sigma_{科目番号 \neq "J3"}成績)$$

　　　　など.

問 2　等価ではない.

理由：　例えば，図 3.1（49 ページ）の関係を問合せ対象とすると式
　　　　(3.9) の結果には「データベース」が含まれない[*1]が，式 (3.10)
　　　　の結果には「データベース」が含まれる.
　　　　式 (3.9) は，「田中先生が教えている科目名以外の科目名」を表

*1　大野先生が
データベースを教え
ているため.

*1 例えば図3.1の関係では,「データベース」がそのような科目名である.

し,式 (3.10) は,「田中先生以外の先生が教えている科目の科目名」を表す.

一般に,関係「科目」には,「田中先生も田中先生以外の先生も教えている科目名」が存在しうる[*1].

したがって,式 (3.9) と式 (3.10) は,等価ではない.

問3 1つめは,他のある点数よりも低い点数の集合を求め,それらを全体集合から集合差を使って取り除く方法である.

$\pi_{点数}(\sigma_{科目番号="J2"}成績)$ を R_1 とする.また,$\delta_{点数\rightarrow 点数2} R_1$ を R_2 とする.

次に,$(R_1 \bowtie_{点数<点数2} R_2)$ を求める.この結果の関係の属性「点数」に現れる点数集合は,上述の「他のある点数よりも低い点数の集合」となる.

したがって,R_1 からこれらを集合差で引けば求める答えを得る.例えば,R_1, R_2 がそれぞれ以下の (a) (b) の関係の場合,$(R_1 \bowtie_{点数<点数2} R_2)$ は,(c) の関係になる.

これを点数に射影したものを点数全体の集合から引き算する,すなわち,$R_1 - \pi_{点数}(R_1 \bowtie_{点数<点数2} R_2)$ を実行すると (d) の関係を得る.

(a) (b) (c) (d)

したがって,求める関係代数式は次のようになる.

$\pi_{点数}(\sigma_{科目番号="J2"}成績)-$
$\pi_{点数}((\sigma_{科目番号="J2"}成績)$
$\bowtie_{点数<点数2} (\delta_{点数\rightarrow 点数2}(\pi_{点数}(\sigma_{科目番号="J2"}成績))))$

2つめの考え方は,上述の R_1, R_2 があったときに,$(R_1 \bowtie_{R_1.点数 \geq R_2.点数2} R_2)$ を R_2 によって除算 (divide) することによって最高点を得るものである.

例えば,R_1, R_2 がそれぞれ (a) (b) の関係の場合,$(R_1 \bowtie_{R_1.点数 \geq R_2.点数2} R_2)$ は,(e) の関係になる.この関係を R_2 で割る,すなわち $(R_1 \bowtie_{R_1.点数 \geq R_2.点数2} R_2) \div R_2$ を実行すると (d) の関係を得る.

演習問題略解

点数	点数 2
60	60
60	50
50	50
80	60
80	50
80	80

(e)

したがって，求める関係代数式は次のようになる．

$$((\pi_{\text{点数}}(\sigma_{\text{科目番号}="J2"}\text{成績}))$$

$$\bowtie_{\text{点数}\geq\text{点数}2}(\delta_{\text{点数}\to\text{点数}2}(\pi_{\text{点数}}(\sigma_{\text{科目番号}="J2"}\text{成績}))))$$

$$\div(\delta_{\text{点数}\to\text{点数}2}(\pi_{\text{点数}}(\sigma_{\text{科目番号}="J2"}\text{成績})))$$

問 4 (a) 2 つの関係を I, J とすると，

- $I \cap J = I - (I - J)$
- $I \times J$ については，I のある属性を A，J のある属性を B とすると，$I \bowtie_{(A=B)\lor(A\neq B)} J$
- $I \bowtie J$ については，65 ページの式 (3.4) を参照．
- $I \div J = \pi_{att(I)-att(J)}I - \pi_{att(I)-att(J)}(((\pi_{att(I)-att(J)}I) \times J) - I)$

(b) 2 つの関係を I, J とすると，$I \cap J$ と $I \div J$ は上と同じ．

結合については，q を I と J の結合条件式とすると，これは同時に $I \times J$ の選択条件式にもなり，$I \bowtie_q J = \sigma_q(I \times J)$ が成立する．

自然結合については，65 ページの式 (3.4) を少し変更し，

$$I \bowtie J$$
$$= \pi_{att(I)\cup att(J)}(\sigma_{(A_1=A_1')\land(A_2=A_2')\land\cdots\land(A_k=A_k')}$$
$$(I \times (\delta_{A_1,A_2,\ldots,A_k \to A_1',A_2',\ldots,A_k'}J)))$$

(c) 関係 I と J を $att(I) \cap att(J) = \emptyset$ なる 2 つの関係，また q を I と J の結合条件式とするとき，I と J の q のもとでの結合 $I \bowtie_q J$ の属性集合を $att(I \bowtie_q J)$ で表すものとする．このとき，一般に以下の関係が成立する．

$$att(I) \subseteq att(I \bowtie_q J)$$
$$att(J) \subseteq att(I \bowtie_q J)$$

つまり，結合演算の結果，得られる関係は，もとの関係よりも属性集合が同じかまたは増大する．しかも，以下のように，結合

253

結果の関係の属性集合が真に増大するような場合が存在する.

$$att(I) \subset att(I \bowtie_q J)$$
$$att(J) \subset att(I \bowtie_q J)$$

ここで,他の5つの演算に関する属性集合の変化をみると,次のようになる.

- 集合和の場合:

$$att(I \cup J) = att(I) = att(J)$$

となり,属性集合の数に変化がない.

- 集合差の場合:

$$att(I - J) = att(I) = att(J)$$

となり,属性集合の数に変化がない.

- 属性名変更の場合:
  演算適用前後で属性数は変化がない.

- 選択の場合:
  q を I の選択式とした場合,

$$att(\sigma_q I) = att(I)$$

となり,演算の前後で属性集合の数に変化がない.

- 射影の場合:

*1 すなわち,$X \subseteq att(I)$.

  X を I の部分集合とした場合[*1],I の X 上への射影を $\pi_X I$ とすると

$$att(\pi_X I) \subseteq att(I)$$

となり,演算の前後で属性集合の数が少なくなるか,同数である.

以上の結果から,属性集合が増大する可能性がある結合演算は集合和,集合差,属性名変更,選択,射影の5つの演算を組み合わせることでは,表現できないことがわかる.

演習問題略解

第 4 章

問 1

```
CREATE TABLE 学生 (
      学生番号    INTEGER,
      学生名      NVARCHAR(10) NOT NULL,
      PRIMARY KEY (学生番号)
)

CREATE TABLE 教員 (
      教員名      NVARCHAR(10),
      給料        INTEGER,
      PRIMARY KEY (教員名)
)

CREATE TABLE 履修 (
      学生番号    INTEGER,
      科目名      NVARCHAR(10),
      教員名      NVARCHAR(10),
      PRIMARY KEY (学生番号, 科目名),
      FOREIGN KEY (学生番号) REFERENCES 学生
                            ON DELETE CASCADE
                            ON UPDATE CASCADE,
      FOREIGN KEY (教員名)   REFERENCES 教員
                            ON DELETE NO ACTION
                            ON UPDATE CASCADE
)

CREATE TABLE 指導教員 (
      学生番号    INTEGER,
      教員名      NVARCHAR(10),
      PRIMARY KEY (学生番号),
      FOREIGN KEY (学生番号) REFERENCES 学生
                            ON DELETE CASCADE
                            ON UPDATE CASCADE,
      FOREIGN KEY (教員名)   REFERENCES 教員
                            ON DELETE NO ACTION
                            ON UPDATE CASCADE
)
```

〔説明〕
- 関係「教員」には，属性として「教員名」と「給料」のみが与え

255

演習問題略解

られている．ここで，同じ氏名の教員は存在せず，教員名だけでそれぞれの教員を識別可能だと仮定すれば，教員名を主キーとすることができる．

- 関係「履修」のスキーマについては，例えば
  - (a) 1人の教員は複数の科目を担当する場合を許す．
  - (b) 同じ科目名の科目を複数の教員が担当している場合，それらは異なる科目とみなし，1人の学生は同じ名前の科目は高々1つしか履修できない．

    とするならば，主キーは上記のように，学生番号と科目名となる．

    また，上記 (a) の仮定はそのままで，(b) のかわりに
  - (c) 同じ科目名の科目を複数の教員が担当する場合は，同一の科目を分担しているとみなす

    と仮定するなら，主キーは，学生番号，科目名，教員名の3つの属性の組合せとなる．

    参照制約としては，
    ① 学生が除籍になれば履修テーブルからもその学生に関連する組を削除する
    ② 1人でも学生が履修しているような科目を担当している教官は削除することができない

    ということにすると，上記のように書ける．

- 関係「指導教員」について考える．各学生には必ず1人の指導教員がおり，1人の教員は複数の学生の指導教員でありうるものと考えると，関係「指導教員」の主キーは学生番号である．

  また，制約としては，
  ① 除籍になった学生は，自動的に指導教員はいなくなる
  ② 学生の指導教員であるような教員は削除することができない

  とする．

  もし，1人の学生が，複数の指導教員をもてるとすれば，主キーの指定は次のようになる

  　　　　　　PRIMARY KEY（学生番号，教員名），

なお，データ型，主キー，外部キーの指定法はこれ以外にもありうることに注意されたい．

演習問題略解

問**2**　(a)
```
SELECT  科目名
FROM    科目
WHERE   先生 = N'田中'
```

(b)
```
SELECT  DISTINCT 科目番号
FROM    学生 NATURAL JOIN 成績
WHERE   年齢 < 20
```

*1　DISTINCT句
を付けてもよい.

(c)*1
```
SELECT  学生名, 点数
FROM    学生 NATURAL JOIN 成績
                NATURAL JOIN  科目
WHERE   先生 = N'佐藤'
```

(d)
```
SELECT  科目番号
FROM    科目
WHERE   先生 <> N'田中'
```

問**3**　(a)
```
SELECT  学生名
FROM    学生
WHERE   都市 = N'京都' AND 年齢 = 19
```

(b)
```
SELECT  学生番号, 点数
FROM    成績 NATURAL JOIN 科目
WHERE   科目名 = N'人工知能'
```

```
SELECT  学生番号, 点数
FROM    成績
WHERE   科目番号 IN (SELECT  科目番号
                    FROM    科目
                    WHERE   科目名 = N'人工知能')
```

```
SELECT  学生番号, 点数
FROM    成績
WHERE   EXISTS (SELECT *
                FROM    科目
                WHERE   科目番号 = 成績.科目番号
                AND     科目名 = N'人工知能')
```

(c)
```
SELECT  DISTINCT 先生
FROM    学生 NATURAL JOIN 成績
NATURAL JOIN 科目
WHERE   年齢 >= 20
```

257

演習問題略解

```
SELECT DISTINCT 先生
FROM   科目
WHERE 科目番号 IN
       (SELECT 科目番号
        FROM 成績
        WHERE 学生番号 IN
              (SELECT 学生番号
               FROM 学生
               WHERE 年齢 >= 20))

SELECT DISTINCT 先生
FROM   科目
WHERE EXISTS
       (SELECT *
        FROM   成績
        WHERE 科目番号 = 科目.科目番号
        AND EXISTS
              (SELECT *
               FROM   学生
               WHERE 学生番号 = 成績.学生番号
               AND   年齢 >= 20))
```

(d)
```
SELECT ST1.学生名
FROM 学生 ST1 NATURAL JOIN 成績 SC1
              JOIN 成績 SC2 ON SC2.科目番号 = SC1.科目番号
                  JOIN 学生 ST2 ON ST2.学生番号 = SC2.学生番号
WHERE   ST2.学生名 = N'山田'
```

(e)
```
SELECT ST1.学生名
FROM 学生 ST1
WHERE NOT EXISTS (
              SELECT *
              FROM 学生 ST2, 成績 SC2
              WHERE ST2.学生番号 = SC2.学生番号
              AND ST2.学生名 = N'山田'
              AND NOT EXISTS (
                 SELECT *
                 FROM 成績 SC1
                 WHERE SC2.科目番号 = SC1.科目番号
                 AND SC1.学生番号 = ST1.学生番号
              )
         )
```

(f)
```
SELECT 学生番号
FROM 学生
WHERE EXISTS (
              SELECT *
              FROM 成績
```

```
                                    WHERE 学生番号 = 学生.学生番号
                                    AND 科目番号 = 'J3'
                                    )
                AND NOT EXISTS (
                                    SELECT *
                                    FROM 成績
                                    WHERE 学生番号 = 学生.学生番号
                                    AND 科目番号 <> 'J3'
                                    )
```

問 4

```
SELECT DISTINCT R.A
FROM R
WHERE NOT EXISTS (
            SELECT *
            FROM  S
            WHERE NOT EXISTS (
                            SELECT *
                            FROM R AS X
                            WHERE (X.A=R.A) AND (X.B=S.B)
                    )
)
```

　　　　またば

```
SELECT DISTINCT R.A
FROM R
WHERE NOT EXISTS (SELECT *
                    FROM S

                    EXCEPT

                    SELECT R1.B
                    FROM R AS R1
                    WHERE R1.A = R.A)
```

　　　　またば

```
SELECT DISTINCT A
FROM    R

EXCEPT

SELECT A
FROM    (SELECT DISTINCT *
         FROM (SELECT A FROM R) CROSS JOIN S

         EXCEPT

         SELECT *
         FROM R)
```

第 5 章

問1 (略)

問2 例えば次の関係がある.

A	B	C
a	1	x
a	1	y
b	1	x
b	2	x

問3 FD ダイアグラムを用いて,分解法により,関係スキーマを設計する過程を表すと次の図のようになる.キーの属性集合は太線で囲っている.

(a) の解答は図の一番上の FD ダイアグラムである.(b) の解答は図全体である.

最終的に得られる 4 つの関係スキーマ R_2, R_5, R_6, R_7 はいず

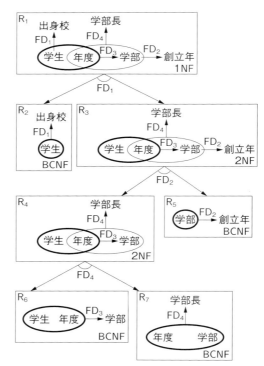

演習問題略解

れもボイス–コッド正規形である.

問 **4**

*1 ここでは, IsA 階層の下位型である 卒論生からの変換 は，5.3節6.項(iv) (159ページ)に示した1つめの変換法を用いている.

- 実体型からの変換*1 :

  学生 (<u>学生番号</u>, 学生名, 都市, 年齢)
  科目 (<u>科目番号</u>, 科目名, 単位数)
  キャンパス (<u>キャンパス名</u>)
  卒論生 (<u>学生番号</u>, 研究テーマ)
  教員 (<u>教員名</u>, 専門分野)

- 関連型からの変換:

  履修 (<u>学生番号, 科目番号</u>, 点数)
  TA(<u>学生番号, 科目番号</u>, 時間数)
  担当 (<u>科目番号</u>, 教員名, キャンパス名)
  指導 (<u>学生番号</u>, 教員名)

- 弱関連型からの変換:

  保護 (<u>学生番号</u>, <u>氏名</u>, 期間)

- 関連型に関する参照制約:

  履修.学生番号 ⊆ 学生.学生番号
  履修.科目番号 ⊆ 科目.科目番号
  科目.科目番号 ⊆ 履修.科目番号
  TA.学生番号 ⊆ 学生.学生番号
  TA.科目番号 ⊆ 科目.科目番号
  担当.科目番号 ⊆ 科目.科目番号
  科目.科目番号 ⊆ 担当.科目番号
  担当.キャンパス名 ⊆ キャンパス.キャンパス名
  担当.教員名 ⊆ 教員.教員名
  指導.学生番号 ⊆ 卒論生.学生番号
  卒論生.学生番号 ⊆ 指導.学生番号
  指導.教員名 ⊆ 教員.教員名

- 弱関連型に関する参照制約:

  保護.学生番号 ⊆ **学生**.学生番号

- 実体型の IsA 階層に関する参照制約:

  卒論生.学生番号 ⊆ **学生**.学生番号

演習問題略解

■第 6 章

問 1

(a)
```
SELECT  学生番号, 点数
FROM    成績 NATURAL JOIN 科目
WHERE   科目名 = N' ハードウェア'
ORDER BY 点数 DESC
```

(b)
```
SELECT  科目名, MAX(点数), AVG(点数), MIN(点数)
FROM    成績 NATURAL JOIN 科目
WHERE   先生 = N' 小林'
GROUP BY 科目名
```

(c)
```
SELECT  科目.科目番号, MAX(点数)
FROM    成績 NATURAL JOIN 科目
WHERE   先生 = ' 田中'
GROUP BY 科目.科目番号
ORDER BY 科目番号
```

(d)
```
SELECT  都市, COUNT(*), AVG(点数)
FROM    学生 NATURAL JOIN 成績
WHERE   科目番号 = 'J2'
GROUP  BY  都市
```

262

第 7 章

問 1

(a) 次の B+ 木になる．

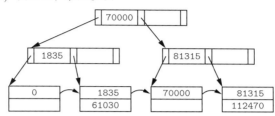

(b) それぞれ次の B+ 木になる．

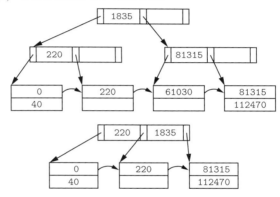

問 2　図 7.13 の場合は，B+ 木索引が非クラスタ化索引である．

B+ 木索引をたどり，ポイントが 200 に対応する葉ノードにいたるまで 3 ページのアクセスが必要であり，葉ノードを右方向に順次探索し，さらに 2 ページのアクセスをする．実際の組を含むページには，葉ノードの各ポインタをたどりアクセスするが，その回数はポインタの数（図 7.13（204 ページ）では 6）必要であり，合計 11 ページのアクセスとなる．

また，図 7.14（205 ページ）の場合は，B+ 木索引がクラスタ化索引である．B+ 木索引をたどり，ポイントが 200 に対応する葉ノードにいたるまで 3 ページのアクセスが必要であり，葉ノードを右方向に順次探索し，さらに 2 ページのアクセスをすることにより，すべての組を得ることができる．したがって合計 5 ページのアクセスとなる．

第 8 章

問 1　(略)

問 2　S の衝突関係中には衝突対として $(R_1(a), W_2(a))$ と $(R_2(a), W_1(a))$ を含む．したがって，衝突グラフは有向閉路をもち，S は衝突直列化可能ではない．

問 3　以下のスケジュールの衝突グラフは，T_1 と T_3 の間に有向閉路を生じるため，衝突直列化可能ではない．

$$
\begin{array}{lllll}
T_1: & R(a) & & & W(a) \\
T_2: & & R(b) & W(b) & \\
T_3: & & & R(b) & W(a) \\
\end{array}
$$

問 4　T_1 が書き込んだデータ x_1 を T_2 が読み込んでいるが，T_1 のコミットは T_2 のコミットより後に現れているため，このスケジュールは回復可能ではない．

参 考 文 献

1) Date, C. J. *An Introduction to Database Systems*. Pearson, Boston, Mass., 8th ed., Aug. (2003).

2) Ullman, J. D. and Widom, J. *A First Course in Database Systems*. Pearson, 3rd ed., (2007).

3) Garcia–Molina, H., Ullman, J. D. and Widom, J., *Database Systems: The Complete Book*. Pearson, Upper Saddle River, N.J, 2nd ed., June (2008).

4) Abiteboul, S., Hull, R. and Vianu, V. *Foundations of Databases*. Addison–Wesley Longman Publishing Co., Inc., Boston, MA, USA, 1st ed., (1995).

5) Ballis, P., Hellerstein, J. M. and Stonebraker, M. *Readings in Database Systems*, 5th ed., (2015).

6) Liu, L. and Ozsu, M. T. (Eds.) Encyclopedia of Database Systems. Springer (2018).

7) Codd. E. F. Derivability, redundancy and consistency of relations stored in large data banks. *IBM Research Report, San Jose, CA*, **RJ599** (1969).

8) Cheney, J., Chiticariu, L. and Wang–Chiew, T. Provenance in Databases: Why, How, and Where. *Found. Trends databases*, **1**, No. 4, pp. 379–474, Apr. (2009).

9) ミック. SQL 第 2 版 ゼロからはじめるデータベース操作. 翔泳社 (2016).

10) ジョー・セルコ著, ミック監訳. プログラマのための SQL 第 4 版. 翔泳社 (2013).

11) 真野 正. 実践的データモデリング入門, 翔泳社 (2003).

12) Date, C. J. *Database Design and Relational Theory: Normal Forms and All That Jazz*. O'Reilly Media, 1st ed., Apr. (2012).

13) Chen, P. P. -S. The Entity–relationship Model–Toward a Unified View of Data. *ACM Trans. Database Syst.*, **1**, No. 1, pp. 9–36,

Mar. (1976).

14) Codd, E. F., Codd, S. B. and Salley, C. T. Providing OLAP to User–Analysts : An IT Mandate Introduction – Semantic Scholar (1993).

15) Jukic N., Vrbsky S. and Nestorov S. *Database Systems: Introduction to Databases and Data Warehouses.* Prentice Hall, (2013).

16) 元田 浩, 津本周作, 山口高平, 沼尾正行. IT Text データマイニングの基礎, オーム社 (2006).

17) 喜連川 優 編著. ストレージ技術：クラウドとビッグデータの時代 オーム社 (2015).

18) Guttman, A. R–trees: A Dynamic Index Structure for Spatial Searching. In *Proc. 1984 ACM SIGMOD Int. Conf. on Management of Data*, SIGMOD '84, pp. 47–57, New York, NY, USA (1984). ACM.

19) 宝珍輝尚. マルチメディアデータ工学：音声・動画像データベースの高速検索技術. 森北出版 (2018).

20) Ganapathi, A. Kuno, Harumi. Dayal, U. Wiener, J. L. Fox A. Jordan M. and Patterson D. Predicting Multiple Metrics for Queries: Better Decisions Enabled by Machine Learning. In Proc. the 2009 IEEE International Conference on Data Engineering, pp 592–603 (2009)

21) Weikum, G. and Vossen, G. *Transactional Information Systems Theory, Algorithms, and the Practice of Concurrency Control and Recovery.* Morgan Kaufmann Publishers Inc., San Francisco, CA, USA (2002).

22) Berenson, H., Bernstein, P., Gray, J., Melton, J., O'Neil, E. and O'Neil P. A Critique of ANSI SQL Isolation Levels. In *Proc. 1995 ACM SIGMOD Int. Conf. on Management of Data*, SIGMOD '95, pp. 1–10, New York, NY, USA (1995) ACM.

索　　　引

ア　行

アクセス経路選択　　*211*
アボート　　*222, 240*
アンロック　　*232*
　　書込み──　　*233*
　　読出し──　　*233*

異常終了　　*220*
一貫性制約　　*32*
意味的制約　　*32*
入れ子問合せ　　*106*
入れ子ループ法　　*214*
インスタンス　　*11, 32, 34*

エンドユーザ　　*18*
エントリ　　*191*

応　用
　　──プログラマ　　*18*
　　──プログラム　　*7*
大きさ　　*28*
オーダ　　*196*
オブジェクト関係データベース　　*22*
オブジェクト指向データベース　　*22*
オンプレミスデータベース　　*18*
オンライン
　　──解析処理　　*9*
　　──トランザクション処理　　*8*

カ　行

下位型　　*155*
外結合　　*104*
　　完全──　　*105*
　　左──　　*105*
　　右──　　*105*
解　錠　　*232*
　　──相　　*236*
解析情報　　*164*
解析データベース　　*164*
階層型データモデル　　*21*
概念スキーマ　　*14*
外部キー　　*42*
回　復　　*239*
　　──可能なスケジュール　　*241*
外部スキーマ　　*14*
書込み
　　盲目的──　　*245*
　　──アンロック　　*233*
　　──ロック　　*232*
隔離性水準　　*247*
仮想ビュー　　*72*
合併可能　　*50*
関　係　　*27, 30, 34*
　　基底──　　*44*
　　──インスタンス　　*34*
　　──演算　　*47*
　　──完備　　*75*
　　──スキーマ　　*31*

267

索　引

――代数　　47, 48
　　――演算　　47
　　――式　　69
――内参照制約　　39
――表　　27
――データベース　　25, 41
　　――管理システム　　17
　　――スキーマ　　41, 42
――データモデル　　27
――ファイル　　187
――別名　　97
――モデル　　9
――論理　　48, 74
関数従属性　　114, 115, 207
　自明でない――　　115
　自明な――　　115
　――の推論則　　121
完全外結合　　105
関　連　　148, 149
　弱――　　154
　――型　　149
　――集合　　149

キー　　35, 149
　外部――　　42
　候補――　　37
　サロゲート――　　178
　主――　　37, 149
　代替――　　37
　部分――　　154
　――破壊的　　141
記憶装置　　184
木構造索引　　192
基　数　　28
基　底
　――関係　　44
　――表　　44
揮発性　　184
キューブ　　175

行　　80
　――指向格納法　　186
共通集合　　51
業　務
　――情報　　163
　――データベース　　163
共有ロック　　232

空　値　　83
組　　27, 30
　――識別子　　187
　――数　　28
クラウドデータベース　　19
クラスタ化索引　　206
繰返し不可能読出し　　248
クロス集計表　　173

継　承　　156
結　合　　58
　θ――　　62
　外――　　104
　　完全――　　105
　　左――　　105
　　右――　　105
　交差――　　87, 97
　自然――　　63, 95
　等――　　62
　内――　　95
　――従属性　　122
　――条件式　　59
　――条件節　　59
厳格な2相ロックプロトコル　　237
検　索　　4
原子値　　30, 45
原子的　　219
厳密な
　――スケジュール　　245
　――2相ロックプロトコル
　　237

交差結合　　87, 97
更　新　　4
　　——時異常　　130
合成法　　144
合法的スケジュール　　234
候補キー　　37
コミット　　220, 240

サ　行

再帰問合せ　　75
最終状態
　　——直列化可能スケジュール
　　226
　　——等価　　225
索　引　　190
　　クラスタ化——　　206
　　主——　　206
　　非クラスタ化——　　206
　　副次——　　206
　　ユニーク——　　206
　　——キー　　191
削　除　　4, 102
　　——時異常　　130
作成中スケジュール　　231
サロゲートキー　　178
参加制約　　151
参　照
　　——制約　　41, 42, 84
　　　　関係内——　　39
　　——の完全性　　42, 84
　　——表　　85
磁気ディスク装置　　184
次　元
　　——的
　　　　——関係スキーマ　　176
　　　　——モデリング　　176
　　——表　　176

事　実　　175
　　——表　　176
次　数　　28
自然結合　　63, 95
実　体　　148
　　弱——　　154
　　所有——　　154
　　——型　　148
　　——集合　　148
　　——の完全性　　84
実体化ビュー　　73
自明でない
　　——関数従属性　　115
　　——多値従属性　　126
自明な
　　——関数従属性　　115
　　——結合従属性　　147
　　——多値従属性　　126
射　影　　55
弱関連　　154
弱実体　　154
集　合
　　共通——　　51
　　——差　　51
　　——和　　50
従属性
　　関数——　　114
　　結合——　　122
　　多値——　　124
集約関数　　165
主キー　　37, 149
主記憶　　184
主索引　　206
順次探索　　189
順ファイル　　189
上位型　　155
衝　突
　　——関係　　227

269

索　引

――グラフ　　228
――直列化可能スケジュール
　　227
――対　　227
――等価　　227
情報無損失分解　　118, 123
除　算　　65
所有実体　　154

推論則　　121
スキーマ　　11, 31
　　概念――　　14
　　外部――　　14
　　関係――　　31
　　関係データベース――　　41, 42
　　内部――　　15
　　3層――アーキテクチャ　　15
スケジューラ　　230
スケジュール　　223
　　厳密な――　　245
　　合法的――　　234
　　作成中――　　231
　　中断連鎖回避的――　　242
　　直列――　　224
　　直列化可能――　　225
　　非合法的――　　234
スタースキーマ　　178

正規化　　45
正規形　　45
　　第1――　　45
　　第2――　　142
　　第3――　　141
　　第4――　　146
　　第5――　　147
　　ボイス–コッド――　　133
正常終了　　220, 240
整列併合法　　215
施　錠　　232

――相　　235
選　択　　53
　　――条件式　　54
　　――条件節　　55
　　――早期適用　　210
占有ロック　　232

相関名　　97
挿　入　　4, 101
　　――時異常　　130
ソート
　　――属性　　189
　　――フィールド　　189
　　――マージ法　　215
属　性　　27, 148
　　――値　　28
　　――名　　28
　　　――変更　　52
測定値　　175

タ　行

ダーティリード　　241
代替キー　　37
第1正規形　　45
第2正規形　　142
第3正規形　　141
第4正規形　　146
第5正規形　　147
多次元
　　――キューブ　　175
　　――データモデル　　175
多重度制約　　151
多値従属性　　124
多版並行処理制御　　249
タプル　　27
探索キー　　189

中　断　　222, 240

————の連鎖　242
————連鎖回避的スケジュール　242
直　積　56
直接探索　189
直　列
————化可能スケジュール　225
————スケジュール　224

強い2相ロックプロトコル　237
強く厳密な2相ロックプロトコル　237

定義域　28, 35
データウェアハウス　22, 164
データ型　81
データクレンジング　165
データ従属性　114
データ制御言語　12
データセンタ　20
データ操作言語　12
データ定義言語　12
データ独立性　13, 17
　　物理的————　16
　　論理的————　13
データベース　4, 43
————インスタンス　43
————管理システム　4
————管理者　17
————言語　12
————システム　4
データモデル　9
デカルト積　56
デッドロック　237

問合せ
　　入れ子————　106
　　副————　106
　　部分————　106
————木　212

————言語　12, 47
————最適化　208
　　物理的————　209
　　論理的————　209
————器　208
————処理　208
等価（データ従属性集合の）　121
等価（問合せの）　72
等結合　62
トランザクション　163, 219
————情報　163
————の異常終了　220
————の開始　220
————の回復　238
————の正常終了　220, 240
————の中断　222, 240
————表　176

ナ　行

内結合　95
内部スキーマ　15
ナル値　80, 83, 103

二次記憶　184

ネットワークデータモデル　20

ハ　行

バックマン線図　20
ハッシュ
————関数　203
————キー　203
————結合法　215
————ファイル　202
範囲探索　189

非クラスタ化索引　206
非合法的スケジュール　234

被参照表　　85
非正規関係　　45
左外結合　　105
ビュー　　14, 44, 72, 99
　　仮想——　　72
　　実体化——　　73
　　——更新問題　　73
表　　27, 80
　　基底——　　44
　　次元——　　176
　　事実——　　176
　　トランザクション——　　176
　　マスター——　　176

ファイル編成　　204
ファントム　　248
フィールド　　187
不揮発性　　184
副次索引　　206
副問合せ　　106
物　理
　　——層　　15
　　——的データ独立性　　13, 16
　　——的問合せ最適化　　209
不　定　　103
部分キー　　154
部分問合せ　　106
ブロック　　185
分解法　　135

並行処理制御　　223
ページ　　185
変　更　　4, 100

ボイス–コッド正規形　　133

マ　行

マスター表　　176
待ちグラフ　　238

末端利用者　　18
幻　　248

右外結合　　105

盲目的書込み　　245

ヤ　行

役　割　　154

ユニーク索引　　206

読出し
　　繰返し不可能——　　248
　　——アンロック　　233
　　——ロック　　232

ラ　行

来　歴　　75

レコード　　187

列　　80
　　——指向格納法　　186

ロールバック　　220
ロ　グ　　243
　　——先行書込み　　244
ロック　　232
　　書込み——　　232
　　共有——　　232
　　占有——　　232
　　読出し——　　232
論　理
　　——層　　14
　　——的データ独立性　　13
　　——的問合せ最適化　　209
　　——的に含意する　　120

英数字

θ 結合　　*62*

Amazon S3　　*22*

ANSI/X3/SPARC　　*15*

B+ 木　　*195*

　　――のオーダ　　*196*

BCNF　　*133, 207*

DB2　　*21*

DBMS　　*4*

DBTG　　*21*

DCL　　*12*

DDL　　*12*

DML　　*12*

ER

　　――図　　*149*

　　――スキーマ　　*149*

　　――モデル　　*9, 148*

ETL　　*165*

FD ダイアグラム　　*129*

GFS　　*22*

HDD　　*184*

IDS　　*20*

IMS　　*21*

INGRES　　*21*

IsA 階層　　*155*

ISAM　　*194*

MVCC　　*249*

MySQL　　*22*

n 項関連　　*151*

NULL　　*83*

OLAP　　*9, 188*

OLTP　　*8, 188*

OQL　　*80*

POSTGRES　　*22*

PostgreSQL　　*22*

RDBMS　　*17*

REDO　　*244*

SPARQL　　*80*

SQL　　*12, 79*

　　―― CREATE INDEX　　*208*

　　―― CREATE TABLE　　*81*

　　―― CREATE VIEW　　*99*

　　―― DELETE　　*102*

　　―― FROM 句　　*88*

　　―― INSERT　　*101*

　　―― READ COMMITTED　　*248*

　　―― READ UNCOMMITTED　　*248*

　　―― REPEATABLE READ　　*248*

　　―― SELECT 句　　*88*

　　―― SERIALIZABLE　　*248*

　　―― UPDATE　　*100*

　　―― WHERE 句　　*88*

SSD　　*184*

System R　　*21*

UNDO　　*244*

WAL　　*244*

XQuery　　*80*

2 項関連　　*151*

2 相ロックプロトコル　　*235*

　　厳格な――　　*237*

　　厳密な――　　*237*

　　強い――　　*237*

　　強く厳密な――　　*237*

2NF　　*142*

3NF　　*141*

3 層スキーマアーキテクチャ　　*15*

3 値論理　　*103*

4NF　　*146*

5NF　　*147*

〈著者略歴〉

吉 川 正 俊 （よしかわ　まさとし）
1985 年　京都大学 大学院工学研究科 情報工学専攻　博士後期課程修了 工学博士
現　在　京都大学 大学院情報学研究科 教授

- 本書の内容に関する質問は，オーム社ホームページの「サポート」から，「お問合せ」
  の「書籍に関するお問合せ」をご参照いただくか，または書状にてオーム社編集局宛
  にお願いします．お受けできる質問は本書で紹介した内容に限らせていただきます．
  なお，電話での質問にはお答えできませんので，あらかじめご了承ください．
- 万一，落丁・乱丁の場合は，送料当社負担でお取替えいたします．当社販売課宛にお
  送りください．
- 本書の一部の複写複製を希望される場合は，本書扉裏を参照してください．

IT Text
データベースの基礎

2019 年 5 月 25 日　　第 1 版第 1 刷発行
2025 年 2 月 10 日　　第 1 版第 5 刷発行

著　　者　吉 川 正 俊
発 行 者　村 上 和 夫
発 行 所　株式会社 オ ー ム 社
　　　　　郵便番号　101-8460
　　　　　東京都千代田区神田錦町3-1
　　　　　電 話　03(3233)0641(代表)
　　　　　URL　https://www.ohmsha.co.jp/

© 吉川正俊 2019

印刷・製本　三美印刷
ISBN978-4-274-22373-0　Printed in Japan

新インターユニバーシティシリーズ のご紹介

- 全体を「共通基礎」「電気エネルギー」「電子・デバイス」「通信・信号処理」「計測・制御」「情報・メディア」の6部門で構成
- 現在のカリキュラムを総合的に精査して、セメスタ制に最適な書目構成をとり、どの巻も各章1講義、全体を半期2単位の講義で終えられるよう内容を構成
- 実際の講義では担当教員が内容を補足しながら教えることを前提として、簡潔な表現のテキスト、わかりやすく工夫された図表でまとめたコンパクトな紙面
- 研究・教育に実績のある、経験豊かな大学教授陣による編集・執筆

各巻 定価(本体2300円【税別】)

情報理論
内匠 逸 編著 ■ A5判・176頁

【主要目次】 情報理論の学び方／確率論／情報量とエントロピー／情報源符号化／各種の情報源符号化法／通信路と相互情報量／通信路符号化／誤り検出符号と誤り訂正符号／実用的な誤り訂正符号／LDPC符号／畳込み符号とビタビ復号／ターボ符号と繰返し復号／時空間符号化

確率と確率過程
武田 一哉 編著 ■ A5判・160頁

【主要目次】 確率と確率過程の学び方／確率論の基礎／確率変数／多変数と確率分布／離散分布／連続分布／特性関数／分布限界、大数の法則、中心極限定理／推定／統計的検定／確率過程／相関関数とスペクトル／予測と推定

無線通信工学
片山 正昭 編著 ■ A5判・176頁

【主要目次】 無線通信工学の学び方／信号の表現と性質／狭帯域信号と線形システム／無線通信路／アナログ振幅変調信号／アナログ角度変調信号／自己相関関数と電力スペクトル密度／線形ディジタル変調信号の基礎／各種線形ディジタル変調方式／定包絡線ディジタル変調信号／OFDM通信方式／スペクトル拡散／多元接続技術

暗号とセキュリティ
神保 雅一 編著 ■ A5判・186頁

【主要目次】 暗号とセキュリティの学び方／暗号の基礎数理／鍵交換／RSA暗号／エルガマル暗号／ハッシュ関数／デジタル署名／共通鍵暗号1／共通鍵暗号2／プロトコルの理論と応用／ネットワークセキュリティとメディアセキュリティ／法律と行政の動き／セキュリティと社会

メディア情報処理
末永 康仁 編著 ■ A5判・176頁

【主要目次】 メディア情報処理の学び方／音声の基礎／音声の分析／音声の合成／音声認識の基礎／連続音声の認識／音声認識の応用／画像の入力と表現／画像処理の形態／2値画像処理／画像の認識／画像の生成／画像応用システム

インターネットとWeb技術
松尾 啓志 編著 ■ A5判・176頁

【主要目次】 インターネットとWeb技術の学び方／インターネットの歴史と今後／インターネットを支える技術／World Wide Web／SSL／TTS／HTML、CSS／Webプログラミング／データベース／Webアプリケーション／Webシステム構成／ネットワークのセキュリティと心得／インターネットとオープンソフトウェア／ウェブの時代からクラウドの時代へ

ディジタル回路
田所 嘉昭 編著 ■ A5判・180頁

【主要目次】 ディジタル回路の学び方／ディジタル回路に使われる素子の働き／スイッチングする回路の性能／基本論理ゲート回路／組合せ論理回路（基礎／設計）／順序論理回路／演算回路／メモリとプログラマブルデバイス／A-D、D-A変換回路／回路設計とシミュレーション

論理回路
髙木 直史 編著 ■ A5判・166頁

【主要目次】 論理回路の学び方／2進数／論理代数と論理関数／論理関数の表現／論理関数の諸性質／組合せ回路／二段組合せ回路の設計（1）／二段組合せ回路の設計（2）／多段組合せ回路の設計／同期式順序回路とフリップフロップ／同期式順序回路の解析／同期式順序回路の設計／有限状態機械

もっと詳しい情報をお届けできます。
○書店に商品がない場合または直接ご注文の場合も右記宛にご連絡ください。

 https://www.ohmsha.co.jp/
TEL.03-3233-0643 FAX.03-3233-3440

(定価は変更される場合があります)

F-1110-142